工匠之光闪耀时

第二届大国工匠创新交流大会
暨大国工匠论坛直播全记录

《中国工人》杂志社　编

中国工人出版社

图书在版编目（CIP）数据

工匠之光闪耀时：第二届大国工匠创新交流大会暨大国工匠论坛直播全记录 / 《中国工人》杂志社编. —北京：中国工人出版社，2023.9
ISBN 978-7-5008-8271-8

Ⅰ. ①工…　Ⅱ. ①中…　Ⅲ. ①职业道德－中国－文集　Ⅳ. ①B822.9-53

中国国家版本馆CIP数据核字（2023）第180209号

工匠之光闪耀时：第二届大国工匠创新交流大会暨大国工匠论坛直播全记录

出 版 人　董　宽
责任编辑　孟　阳
责任校对　张　彦
责任印制　栾征宇
出版发行　中国工人出版社
地　　址　北京市东城区鼓楼外大街45号　邮编：100120
网　　址　http://www.wp-china.com
电　　话　（010）62005043（总编室）
　　　　　（010）62005039（印制管理中心）
　　　　　（010）62046408（职工教育分社）
发行热线　（010）82029051　62383056
经　　销　各地书店
印　　刷　三河市东方印刷有限公司
开　　本　710毫米×1000毫米　1/16
印　　张　19.75
字　　数　269千字
版　　次　2024年1月第1版　2024年1月第1次印刷
定　　价　78.00元

出版说明

第二届大国工匠创新交流大会暨大国工匠论坛于 2023 年 7 月 28 日至 30 日在北京举行。《中国工人》杂志社作为大会的官方直播承办单位，实现了中国工会系统首次 50 小时全程直播，倾力打造“中国工人蓝沙发”“工匠之夜”“工匠说”等品牌节目。我们将节目内容结集成书，以文字的形式记录并呈现出来。

《中国工人》杂志创刊于 1924 年 10 月，由中共中央在上海创办。在百年时光中，筚路蓝缕、百折不挠，记录了中国工人阶级和中国工会在中国共产党领导下努力前行的步伐与成就。伴随着中国工人运动的壮阔波澜，《中国工人》杂志走过了一个世纪的历程。

今天，跃出传统纸质媒体传播局限的《中国工人》杂志，正在加速奔跑在媒体融合的发展之路上。连续两年创新策划“全国职工网络大团圆”活动；承制首届大国工匠论坛巾帼分论坛活动主视频；承接全国职工数字化应用技术技能大赛决赛官方直播。2023 年，《中国工人》承制推出全国职工爱国主义教育基地“工途”小程序，受到职工的喜爱与欢迎。《中国工人》“两微一端一抖”的新媒体格局已经构建，电子杂志、视频制作、线上活动、VR 拍摄等融媒体业务线条不断拓展。

“蝶变”之中，我们始终坚守初心，不断向下扎根，大力弘扬劳模精神、劳动精神、工匠精神，致力于讲好中国工人故事、中国工会故事、中国故事。

2024 年，《中国工人》杂志即将迎来创刊百年的重要历史时刻，“与党同行、为工发声”是我们不变的使命与宗旨。

这本书记录着《中国工人》杂志的成长印记，也以此向支撑中国制造、中国创造的大国工匠们致敬。

目 录 CONTENTS

壹 看见：大国工匠的创新之路

C O N T E N T S

贰 工匠说：我们的成长之路

C O N T E N T S

叁 对话：工匠人才的培养之路

C O N T E N T S

肆 呈现：工匠之夜群英会

C O N T E N T S

附 录

壹

看见：大国工匠的创新之路

特约嘉宾

王曙群　中国载人航天突出贡献者

上海航天设备制造总厂有限公司

对接机构总装组组长

主持人　许梦醒　《中国工人》杂志社采编部主任

12把对接锁，150多万个数据，他历兵秣马16年，创造出宇宙级的浪漫——“太空之吻”。在追逐星辰大海的征途上，他和团队用“心怀梦想”的动力和“奋勇拼搏”的行动，蹚出了一条创新之路。

唯有脚踏实地
才有仰望星空

王曙群

唯有脚踏实地，才有仰望星空。　——王曙群

>> 王曙群：缔造“太空之吻”

主持人：匠心筑梦，技能报国，欢迎来到第二届大国工匠创新交流大会暨大国工匠论坛。这里是由《中国工人》杂志社推出的《中国工人蓝沙发》系列访谈——《看见·大国工匠的创新之路》。我们今天的访谈嘉宾常常被称作“追逐星辰的人”，他创造了一场宇宙级的浪漫——“太空之吻”，他就是和航天事业打了三十多年交道，国内唯一载人航天对接机构总装组组长、中国航天特级技师——王曙群。

作为航天特级技师，您牵头研发了五十多套专用装备，获得五项国家发明专利。您是怎么和中国航天事业结缘的？

王曙群：应该说，我加入航天企业跟我从小的经历有点关系。我父亲是一名军人，受父亲的影响，我从小立志做一名军人。在我的心目当中，军人很威武。但是长大后由于种种原因，我没去参军。于是，我就想选择一个与军队有关系的职业。当时，在我的认知当中，我们企业是生产运载火箭的，是唯一和军队沾边的企业，于是我就加入了它，成了一名航天人。

我是作为钳工被招进去的，当时企业还生产航天牌冰箱。我的第一份工作就是做航天牌冰箱的工装模具。起初，我还有点儿沮丧，觉得跟我的心理预期有点儿差距。但是，这段经历对我的帮助挺大。我现在从事的是航天精密机构的总装，其基础就来自钳工。我曾获得企业钳工比武的第一名，作为一名比较优秀的一线工人，被研制的队伍看中，他们需要这样一批有技能的人去参与研制。我在 1995 年就加入了对接机构的研制队伍，一直干到 2011 年。

> **首次交会对接任务的完成，意味着我国成为世界上第三个掌握空间交会对接技术的国家。其中的对接机构制造技术，此前实际上只有俄罗斯掌握，这同时意味着我国是世界上第二个完全掌握这项装调技术的国家。**

主持人：2011 年 11 月 3 日，对您来说是一个很特殊的日子，您跟团队一起书写了一场宇宙级的浪漫，完成了一场举世瞩目的“太空之吻”。

王曙群：应该说，这一年对我个人而言，是一段值得珍藏的记忆。2011 年 11 月 3 日凌晨，我们制造的对接机构首次完成了交会对接任务。这次任务的圆满成功是对团队 16 年付出的最大的、最好的肯定。研制历程非常艰辛，花费了 16 年的时间研制一个产品，那天正是检验成绩的时候。

主持人：对接成功的瞬间意味着什么？它对中国航天的重大意义是什么呢？

王曙群：我国从 1992 年 9 月 21 日确定了“921 工程”。自此，载人航天工程开始研制，并确定了“三步走”战略：第一步是实现载人和出舱，第二步是完成交会对接和在轨补加，第三步是建成中国人自己的空间站。这些目标是非常明确的。

2011 年 11 月 3 日凌晨，首次交会对接的成功意味着我们已经初步完成了第二步的任务，就是完成交会对接和在轨补加任务。首次交会对接任务的完成，意味着我国成为世界上第三个掌握空间交会对接技术的国家。其中的对接机构制造技术，此前实际上只有俄罗斯掌握，这同时意味着我国是世界上第二个完全掌握这项装调技术的国家。美国的国际空间站使用的所有对接机构都是从俄罗斯购买的，而我国用的对接机构是自己制造的。

主持人：这里有一个非常重要的词叫作对接机构，也是您研制的，它算是零部件吗?

王曙群：是的。交会对接实际上就是两个飞行器在太空合成一个组合体。而对接机构就是形成这个整体的执行机构，其作用非常重要——它要承担两个飞行器在高速飞行时撞击的一瞬间，能够形成一个弱刚性的连接的任务，然后能够在两个飞行器之间建立一个刚性的气密通道。宇航员可以通过这个刚性的通道，在两个不同的飞行器里头工作和生活，最后在执行完任务之后它又能够平稳地分离，带着宇航员安全地返回地球。

主持人：对接机构听起来就非常复杂，那么它究竟复杂在哪里、难在哪里?

王曙群：实际上，对接机构有 300 多个齿轮、700 多个轴承，是由成千上万个标准件和半成品组成的一个复杂的机电一体化产品。它上面有 118 个测量温度的各类传感器，任何一个环节出差错都会导致任务失败。而对接机构的任务失败会直接危及宇航员的生命安全。所以说，我们从事的是人命关天的工作。

主持人：从 1995 年到 2011 年，您在整个研制过程中历兵秣马了 16 年。其中，您一定经历了不少坎坷，遇到了不少困难，能否简单介绍一下?

王曙群：核心技术是买不到也要不来的，更是讨不到的。对接机构研制初期也是这样的。国外的航天大国对我国进行严格的技术封锁，我们想掌握这项技术，所有难关都要靠自己一点一滴地去攻克。事实上，研制初期我们在制造零件的时候就遇到了很多困难。因为航天产品的特殊性，有轻量化设计的要求，很多零件制造都用了比较优质的材料，如钛合金材料。加工钛合金时，包括加工工艺、道具的选择、机床装备等，起初都没跟上当时的研制节拍，遇到了诸多难题。在装配和测试过程中，我们制造出一个产品，怎么样证明这个是合格的、满足设计要求的产品？因为市场上是采购不到的，就要用相应的测试设备去测试它。因此，我们既要造产品，也要造相应的测试设备。

> **我们虽然没有像老一辈航天人那样取得惊天动地的成就，但是我们跟他们最一致的就是对这份事业的热爱和不服输的精神。**

主持人：很多技术细节都要靠自己一点一滴地去突破，才能交出最后合格的产品。在这个过程当中，需要不断地试验，不断地试错，不断地面对失败，是这样吗？

王曙群：是的。2011 年 11 月 3 日首次交会对接，整个对接的过程真正的有效工作时间也就是 5 分钟，但是为了这 5 分钟的圆满成功，研制过程要花费大量的时间和精力去模拟。当时为了模拟两个飞行器在天上能够平稳地分离，805 所的工作人员想制造一个大型的气浮平台，在地面模拟两个 8 吨重的飞行器能够在失重状态下平稳地分离的姿态。他们到泰山找了一块花岗岩，把这块花岗岩从泰山运出来就花了将近半年的时间，然后再找了一个专业的团队把花岗岩加工到所需要的形状和精度。整个设备的研发就花了两三年时间。设备做出来后，产品在上面要做分离试验，取得各式各样的数据。我记得当时累计做了 1000 多次试验，又花了将近两年的时间。所以说，类似的技术难题非常多，干这份事业确实需要一点儿勇气，或者说是不服输的精神。如果没有这种精神的话，很难把事情做成。

主持人：每次在没有头绪的时候，您是如何熬过去、如何解决、如何创新的？

王曙群：在研制初期，我是充满信心的，觉得这件事情花三年的时间肯定做得成。如果三年不行，五年一定能做得成。但是，随着我对产品性能和要求认知的不断提升，发现其中的不确定因素越来越多。为了解决不确定因素，我对工作有时确实会产生很多怀疑——我认为好的产品一做试验就会暴露出很多问题。面对这种问题，有时我会非常沮丧，甚至怀疑自己是否有能力把这件事情做好。

能支撑我一路走下来的原因，第一是好的团队、好的氛围。遇到困难的时候，大家能够相互帮助、相互鼓励，克服一个个的坎儿。第二是航天人对这份工作的情怀。我们虽然没有像老一辈航天人那样取得惊天动地的成就，但是我们跟他们最一致的就是对这份事业的热爱和不服输的精神。我始终认为，人家做得好的，我们也应该能做得好。如果没做好，那说明我们肯定是哪里的能力还不够，要在克服困难的过程当中提升能力。

主持人：在厉兵秣马的 16 年中，您觉得最难的是哪个阶段？

王曙群：在初期我是比较乐观的，但实际上比较坎坷。困难一个接一个，整天就是忙着解决困难。而到发射的前两年，我们进入了一个永远感觉时间不够用的阶段。因为目标很明确了，就像参加高考的学生一样，到了高三，永远感觉时间不够用。特别是 2010 年前后，每天只能看到一次太阳，就是早上上班的时候。等到下班的时候，天都已经黑了。但正是在那段时间里，我们把这个试验做到了极致，把问题全覆盖，现在已经提供了 21 套产品。截至 2023 年 10 月 26 日，经过了 30 次交会对接任务，对接机构表现始终完美，可以说做到了在轨运行“零缺陷”。

主持人：从您参加这个试验开始，有想过会需要这么长的时间来完成这项工作吗？

王曙群：如果有人告诉我，这个研制可能要花 16 年甚至更长的时间，我不一定有信心坚持得下去。众所周知，当时航天企业在经济上比较困难，社会上流传一句话：造原子弹的不如卖茶叶蛋的。这是当时的社会大环境。当然，如果有人说，你干 16 年会取得成功，那我可能还能坚持得下去——能够支撑我们走下去的，是对这份事业的热爱。

主持人：您用 16 年的时间换了 5 分钟的交会对接。在“太空之吻”成功的那一刻，您跟团队是什么样的状态，您的心情是什么样的？

王曙群：宣布圆满成功的那一刻，我个人非常喜悦，总算是松了一口气。但喜悦过后冷静下来，感觉还是挺心酸的，一路的艰辛一下子涌上了心头。这些艰辛就像杨利伟说的那句话——有一种生活，你没有经历过就不知其中的艰辛；有一种艰辛，你没体会过就不知其中的快乐；有一种快乐，你没拥有过就不知其中的真谛。

> **因为我们只有老黄牛精神、孺子牛精神是支撑不起来的，事业的快速发展还需要开拓创新的拓荒牛精神，必须开拓创新。**

主持人：刚才，您几次提到自己的战友，说在面对困难的时候有一个非常强大的团队。能跟我们讲一讲现在团队的情况吗？

王曙群：我们班组目前有 32 位同事，平均年龄三十三岁多一点，普遍非常年轻。我在班组里年龄最大，是当之无愧的老同志。航天事业的快速发展离不开年轻人，他们才是我国航天事业走向更远的最大推动力。尤其是现在每年的航天研发任务越来越紧迫，更需要一支高素质、高技能的年轻团队。

主持人：在培养年轻人、带徒弟方面，您有什么经验？

王曙群：带年轻人和我们那一代有比较大的区别。我进厂的时候还是传统的师带徒模式，师父手把手地教某项技能，但是现在发生了翻天覆地的变化。拿航天事业来说，我进厂时，企业可能一年才发射一枚运载火箭；2022 年，我们厂 1000 多人完成了 32 枚运载火箭发射任务。企业的制造模式发生了巨大的变化，对产业工人的需求也是一样的。所以，我们现在带年轻人，可能只能教他们某一项单向技能，更多的是要提高他们的认知，让他们感受到这个时代的快速发展。

我进厂时，师父给了一把钻头，教我去磨钻头。我花了一个月的时间磨光了一把钻头。后来，我又学会了磨麻花钻、群钻。但今天只要买一台钻头磨削机，就可以把这项技能全覆盖。年轻人要学习的手上技能和原来相比，发生了比较大的变化。他们的技能要跟上产业的发展步伐。现在，更多的年轻人要学机电一体化的技能，而不是传统意义上的手工打磨技能。现在航天产品一年要完成三十几次、四十几次的发射任务，靠手工打磨肯定是不行的，而且现在的制造模式也发生了巨大的变化。

主持人：这种制造模式的变化，对产业工人的技术技能提出了很多新要求。从自身来讲，您是如何适应这种要求的？

王曙群：这十几年来，我始终处于感觉知识不够用、技能不够用的状态。时代发展太快了，如果不能够持续地学习或者持续赋予自己新能力，都跟不上这个时代发展的脚步，也跟不上航天事业快速发展的脚步。所以，持续学习、持续赋能不只是针对年轻人，我们这一代人也同样面临这个问题：只有在岗位上持续赋予自己新的能力，才能跟上时代发展的脚步。这就像航天企业发展到现在这个阶段，到底什么样的产业工人才能成为航天企业合格的或者优秀的产业工人？是不是传统意义上的老黄牛或者是有爱国主义的孺子牛精神就够了？这是远远不够的。因为我们只有老黄牛精神、孺子牛精神是支撑不起来的，事业的快速发展还需要开拓创新的拓荒牛精神，必须开拓创新。

主持人：其实，还是需要产业工人能创新、敢创新、有创新力。能分享一下您的创新秘诀都有哪些吗？

王曙群：我们肯定不会像顶尖的科学家一样创造出惊天动地的、伟大的或者具有颠覆性的创新成果。但是，作为产业工人，在生产一线最贴近产品的地方，我们立足于小改革、小创新、小发明、小创造、小经验，可以做很多创新改进。而这些创新改进如果积累到一定的数量，就会产生新的质变；不断地积累新的质变，实际上就会产生很多创新点。就拿我个人来说，在工作当中为了改善产品性能，在设计方面更改一下形状，甚至更改零件制造工艺，可能对产品质量有巨大的提升。今天，我国航天事业快速发展，如果光靠顶尖的科学家描绘蓝图，而一线工人不走创新的道路，这样是支撑不起来的。我们企业有 1500 人，技术人员有 400 到 500 人，一线工人有 800 多人。从 2015 年到 2020 年的短短 5 年时间里，有 4 个人走到了上海市、省部级科技进步奖的领奖台上。当然，这一代产业工人赶上了好时候，事业的快速发展搭建了很多舞台，让大家有更多展示能力的机会，就看你有没有发现问题、解决问题的信心和勇气。800 多名产业工人，也是支撑航天事业快速发展的重要力量。

> **你们将来要做拿着扳手能够制造零缺陷产品的技师，要做张开嘴能够传承技艺的讲师，要做提起笔能够提炼总结创新方法的卓越工程师。这就是你们的目标，或者是未来产业工人的画像。**

主持人：对于一线工人来说，“创新”这个词，听起来就是两个字，但究竟应该怎么创新？创新的灵感是怎么来的？请您跟我们分享一些小故事。

王曙群：现在马路上的很多汽车在倒车的时候都会有一个声音——“倒车请注意”。这个创意的发明人是上海宝钢的一位炼钢工人。他在企业里看到车子进进出出，感觉非常不安全，就想出了这么一个点子，倒车的时候给人家提个醒。这个创意在社会上得到了普遍的实践和运用，也创造了巨大的价值，消除了很多的安全隐患。

在企业高速发展过程中，有待于提升、改进的地方有很多。像我的一个创新成果叫航天超细直径小腔检漏管路的制造技术。当时，我们采用传统的熔焊会造成很多问题，最明显的是焊接之后，合格率非常低，而且焊渣表面形成的氧化物产生的新的多余物非常多。为解决这个问题，我改进了对接方式。原来直接对接外面用熔焊，我把它改成了一个插接，打一个孔把它焊进去。这样，对接位置就会非常精确，我还采用了铅焊的方式。通过改进焊料的成分把锡和银的两个配比关系进行了调整，这样焊料的浸润性能得到大幅提升之后，焊缝的质量就会得到大幅提高，合格率也得到大幅提高。我们还发明了适合这种超细直径小腔内部清洗的溶液，可以大幅地减少多余物产生的可能性。最终，这个产品的合格率由原来的百分之二十几提升至百分之九十五以上，这个就是创新点。

实际上，一线的产业工人并不是缺乏创新点，而是缺乏创新能力。不要怕这个创新点可能很微小，它也许会产生比较大的创新价值。创新来自一线，来自每一个工作当中遇到的问题。

主持人：在创新方面，您还想给产业工人提哪些建议？

王曙群：产业工人只有跟时代产生同频共振，才能享受时代发展带来的红利。要树立一个思想，即在工作当中要把价值体现出来。价值并不是你在岗位上流了多少汗、付出了多少体力，而是你在岗位上创造价值的不可替代性。还要认识到，创新的过程一定是失败比成功的次数要多。有时候，也要树立“不走捷径才是最近的捷径”的观念。未来的创新需要有一个团队，还需要一种分享的情怀。我们要走在时代相对比较靠前的位置，成为时代的领跑者，才能脱颖而出。产业工人地位的提高，实际上最终还要靠自己的能力去争取，而不是仅靠制度或政策去鼓励。

主持人：您作为中国航天事业飞腾的见证者和实践者，对新一代航天人有哪些想说的话？

王曙群：对新一代的航天人，我实际上就一句话想说：你们将来要做拿着扳手能够制造零缺陷产品的技师，要做张开嘴能够传承技艺的讲师，要做提起笔能够提炼总结创新方法的卓越工程师。这就是你们的目标，或者是未来产业工人的画像。

主持人：作为大国工匠，您是如何理解工匠精神的？

王曙群：我觉得工匠精神的首要条件就是持续学习和持续赋能的能力，只有持续学习、持续赋能，才能走在时代的前列。工匠精神并不是一成不变的，每一个时代对工匠精神的理解都在不断地升华，工匠精神也要跟科技的发展同频共振。所以说，工匠精神的内涵里头肯定包含持续学习、持续赋能的能力。工匠精神还包括执着的精神，既然称为工匠，就要有修行和修炼，如果没有执着的精神，没有在一个领域做深做实的精神和长时间的积累，是达不到所需要的认知水平的。

主持人：您刚才谈到工匠精神里不可或缺的是学习精神。我看到今天您也带来了自己的学习笔记，能和我们分享一下吗?

王曙群：我带来了一些工作上的笔记，这些笔记来源于工作当中每一次细小的工作总结或者是一些数据的积累。我始终认为好记性不如烂笔头，要把工作中的一点一滴，不管是成功的经验还是失败的数据，都记录下来。而这些东西实际上就是后续学习提升自己的很重要的知识来源。我们遇到过很多的失败数据，但这些失败数据并不是没有价值，它们的背后实际上都是我们后续提升能力的重要来源。所以，拿起笔来非常重要，记录工作当中的经验教训。对这个过程当中的问题的提炼总结，实际上就是创新的一部分。这些笔记有时候也是创新的起点，像金矿一样，可以从里面找到创新点。

特约嘉宾

孙红梅　2019年“大国工匠年度人物”

中国人民解放军第五七一三工厂

特种工艺首席专家

主持人　安静　中国工人出版社副总编辑

她扎根鄂西北老“三线”工厂20余年，全身心投入航空发动机焊修工作，破解62项修理难题，研发12项核心修理技术，获得多项国防军工行业发明专利授权。她紧握焊枪，用技术创新守卫祖国战鹰的“心脏”。

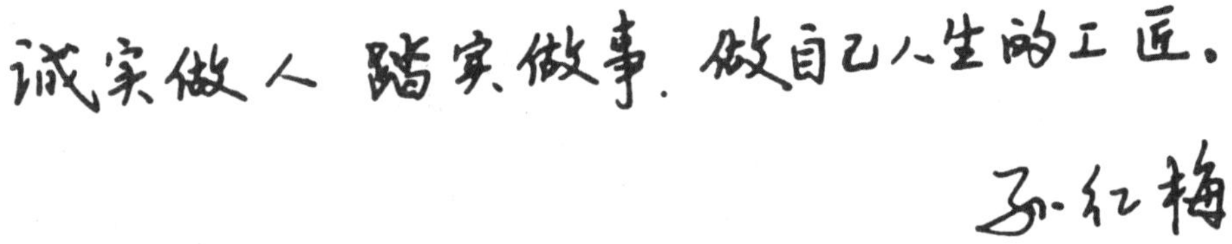

诚实做人，踏实做事，做自己人生的工匠。 ——孙红梅

>> 孙红梅：战鹰“心脏”手术师

主持人：匠心筑梦，技能报国，欢迎来到第二届大国工匠创新交流大会暨大国工匠论坛。这里是由《中国工人》杂志社推出的《中国工人蓝沙发》系列访谈节目——《看见·大国工匠的创新之路》。我们今天的访谈嘉宾，她的工作是给飞机“心脏”做手术，她也被称为我国现代化空军的“女华佗”。她就是从焊接岗位走出来的大国工匠，全国劳动模范、中国人民解放军第五七一三工厂高级工程师、空军装备修理系统焊接专业首席技术专家——孙红梅。

我注意到您今天穿的这身工装和平时的工装不太一样，像镶了一道金边似的，这件衣服有什么样的特别之处，有多少人拥有这样的一身衣服？

孙红梅：这身衣服是空军装备部专门为获得“蓝天工匠”荣誉的、在装备修理工厂为一线典型员工特别制作的。这身衣服于我来说既是一份荣誉，更是一份沉甸甸的责任。整个装备修理系统共有 16 个人拥有这身工装，我所在的工厂有 1600 个员工，只有我一个人有。

主持人：那就是一千六百分之一，真的是非常不容易。我们通常很难将维修和女性这两个词紧紧地联系在一起。对于世界上机械维修高难度的航空发动机的维修，您觉得最难的点在哪里？

孙红梅：火箭和导弹的发动机不同，航空发动机需要反复地进行使用，安全系数要更高，可靠性要更高，以确保每次任务完成后飞机能够安全返航。航空发动机是飞机的“心脏”，它的结构非常复杂，由上万个零件组成，有的地方的安装要求和精度要求非常高，维修质量直接影响发动机的性能。航空发动机的维修和制造是不一样的——制造是由毛坯件按照工艺一步一步地完成，是相对程式化的；维修面临的发动机则是经过了不同的飞行状态、不同的使用环境，产生故障的部位、类型及严重程度都不同。这就相当于医生看病，面对的病人是不一样的，每个病人都是个例，需要对症下药，有时还会出现一些疑难杂症，所以，维修就非常困难，况且还要做到修旧如新。还有一点，航空发动机修理面对的零件是成品件，几乎没有加工余量。但它在天上飞行了一段时间以后就会有变形。因为它本来就没有加工余量，维修时的每次焊接都可能使它变形，如何保证维修质量和零件精度，难度难于言表。

> **很多我们认为高大上的工作，细分到每个工种都是很平凡的，我们只要坚守，在平凡的岗位上也能做出不平凡的事情。**

主持人：您大学毕业之后，就直接投身中国人民解放军第五七一三工厂，是什么样的原因或者情结让您选择了这条道路？

孙红梅：我出生在革命老区山东省沂蒙山区，父老乡亲对军人都有崇拜情结。我是听着我爷爷讲抗日战争的故事长大的，所以从小就梦想着参军。1999年，我国驻南斯拉夫大使馆被炸，当时我非常愤慨。两个月后，我在人才招聘市场遇到中国人民解放军第五七一三工厂招人，就投出了自己的简历。这是我的第一份，也是唯一的一份简历。就这样，我来到了第五七一三工厂，希望能用自己的所学为国家航空事业、国防事业作贡献。

主持人：听说您进入工厂后仅用了两年的时间就成为技术骨干，是什么力量让您的进步如此飞速？

孙红梅：刚到厂里时，我被分在一个偏远的小山沟里。我的内心怀着一腔热血，觉得地域偏僻可以接受，但有一点却让我心中很困惑，甚至想过放弃。刚开始我觉得航空维修是一份技术含量很高的工作，家里人一说起我来，就说是修飞机的，他们都很自豪。当我真正到了工作现场，发现每天面对的就是从发动机上拆下来的黑乎乎、油腻腻的一些零件，上面还有一些故障亟待处理，一时有点失落。后来，工厂给我们安排了师父。我的师父是空军装备修理系统的技能大师，工作严谨、敢于尝试，教会了我很多东西。比如，她带领我们运用美国林肯焊机一起研究脉冲氩弧焊的工艺。这个焊机功能很强大，焊机上的字都是英文，我虽然看不懂，却一直努力研究。凭借这项脉冲氩弧焊技术，我们挽救了上百台出故障的火焰筒，创造了上百万元的经济效益，我的师父也因此获评工厂的“十佳科技工作者”和科技进步二等奖等荣誉和称号。

当时大家认为焊接就是修修补补，是一个辅助工种，并不是很重视。但是，师父让我看到了改进创新的力量，在焊接领域也可以大有作为，能干出点儿成绩。现在回过头再去看，很多我们认为高大上的工作，细分到每个工种都是很平凡的，我们只要坚守，在平凡的岗位上也能做出不平凡的事情。

主持人：航空发动机的零件多达数万个，维修难度可想而知。第一次面对高难度的维修工作时，您是怎么攻克难题的？

孙红梅：2005 年，我们工厂遇到一个涡轮叶片修复的难题。这是一种国外机型的叶片，买也买不到，它的叶冠上面出现了裂纹。其实，它在使用过程中，两个叶片要进行装配，中间会产生碰磨，因此就会产生磨损，然后就需要进行堆焊，再让它长起来。我们拿到这个叶片以后，查到它的制作材料是一种铸造高温合金，焊接性特别差，一焊就容易裂，而且这个叶片的焊接部位很薄，像个刀口一样，焊上去的时候特别容易焊塌。我们也咨询了国内一些科研院所的专家，得到的反馈是：这个叶片最好慎重焊接，焊接过程中不仅容易当时就产生裂纹，还有可能产生延迟裂纹。换句话说，当时焊它没有裂纹，但一上天可能就裂了——这是非常危险的！

面对这一难题，我想这个国外工艺是氩弧焊的，是允许焊接的，既然他们能干，我们也能干得出来。于是，我就利用业余时间一个人去做试验。整整一个夏天，我就耗在这件事情上。焊接的环境比较闷热，眼睛也经常被电弧光打伤，打伤了以后晚上就睡不着觉，一闭眼就流眼泪，眼睛也疼。有一天晚上，我在钻研探索焊接技术的过程中，突然就焊出了一条非常漂亮的焊缝。它不但没有裂纹，还没有焊塌，这就是成功了。当时，我特别兴奋，自己站起身原地转了几个圈来庆祝成功。这一次的探索与成功也给了我非常大的激励：别人认为干不了的事情，我把它干成了。

要修这些东西，就要开发修理科研课题，要研究再制造，不断提高技能、技术。唯有此，才能跟得上整个装备换代的发展步伐。

主持人：2007 年对您来说是一个特殊的年份——您带领团队实现了无变形焊接。那次任务的难点在哪里呢？

孙红梅：2007 年，有一批国外的机匣产生了裂纹。在焊修的过程中，我们发现卡槽的部位特别容易变形，这样装叶片进去以后，不是太松，就是太紧，那机匣就报废了。有一些机匣焊好上了天，可 50 小时后再进行定期检查时，它又裂了。因此，我们也进行了焊修改进。原本采用的是氩弧焊技术，我们改成了脉冲氩弧焊技术。由于激光焊的能量非常集中，变形和应力就非常小。有一个难点是，当时激光焊在国内应用得还很少，没有相关的标准。我们还要做大量的试验对产品进行验证，确保产品是万无一失的。因此，当时还有一点儿犹豫，要不要干：干好了，可以；干不好，可能责任很大，危险性也很高。一想到一台机匣20多万元，修不好心有不甘，就下定决心还是要干。

厂里也支持我们，马上就引进了当时国内最先进的激光焊机。焊机一来，我基本上就一心扑在这个技术上面，从焊机的安装调试到试片的焊修，到产品的焊修，整个过程我都是第一个上。我们团队用了一年的时间，实现了无变形的焊接功能。整个过程很辛苦，因为焊缝的焊接原理、成形、缺陷的处理跟传统的焊机是不一样的。为了观察焊缝的成形，我和同事就需要长时间贴近观察，结果一焊完，脸上全是灰，整张脸熏得都是青灰色；为了完成一些试验验证任务，我们一整天不吃不喝，就是想把它完成；为了焊零件，我们可以弯腰几个小时，焊完了之后腰都直不起来了。

攻克了这个难题后，我们形成了自己的焊接标准。机匣用这个技术焊接后，变形由最开始的1毫米，降到了0.15毫米，再降到了0.01毫米，现在没

有机匣因为焊接变形报废的情况了——我们还是很有成就感的。

主持人：在您的手中有30多架军用飞机重获了新生，为我们国家节省了巨大的成本。这中间是一个什么样的情况呢?

孙红梅：2013年，有一批燃烧室机匣因为裂纹导致停修，相关专业院所的专家对此也一筹莫展，这个任务就交给了我。我们检查发现，机匣结构非常复杂，是从里到外一层一层地焊接起来的，不能拆开；故障点很多发生在内部，看也看不到、焊也焊不着，非常别扭。另外，机匣的材料焊接变形特别大，焊接部位就是故障部位，离轴承座很近——轴承座对精度要求非常高，一焊它就会引起轴承座的变形。同时，机匣材料有一部分拘束度比较大，这边焊了那边裂，老是产生裂纹，形成一个恶性循环。面对这些难题，很多人觉得这是不可能完成的任务。

我们经过努力研究出一整套方案，先针对内部的故障用开天窗、自制的焊枪还有弯电极，实现镜面反光仰焊；把里边的故障修复好，再研究精密的脉冲激光焊的技术，把天窗补上。通过这个技术，我们把机匣的变形控制到0.003毫米以下。然后，针对焊后裂纹的问题、出现再次开裂的问题，研究光电复合焊和冷焊技术，用这种技术可以保证机匣基本上实现零热量、零变形的修复。虽然过程非常艰难，但最终我们用了四种技术把这个难题攻克了。

主持人：您主动地承担了一个又一个棘手的任务，当时承担的时候，不怕完不成任务吗?

孙红梅：我觉得这就是我们的工作，是航修人的责任。航修人的职责就是要想方设法地把航空发动机修好，让它能够保障战训任务。厂里一有焊接难题，首先想到的就是我。这些难题对我来说也是挑战，我比较愿意去做这些事情。随着一个个难题的攻克，也见证了我跟装备修理技术团队的共同成长。

主持人：自我不断挑战是一个很高的要求。20多年来，您一直给飞机“做手术”，您怎样理解变革和创新的?

孙红梅：这些年来，航空装备实现了跨越式发展，我们的装备也在不断升级换代。这期间会有一些新工艺、新技术、新材料的应用，采用原来传统方式肯定不行，就需要创新来解决新问题。像现在的新航空发动机有一些单晶叶片、整体叶盘，还有一些复合材料的应用，对修理提出更高要求。要修这些东西，就要开发修理科研课题，要研究再制造，不断提高技能、技术。唯有此，才能跟得上整个装备换代的发展步伐。

> **实践是创新的源泉，只有知道哪个地方有问题，然后想办法去解决，这样才能有创新的东西。**

主持人：您将大量的时间和精力放在了培养年青一代身上，您的徒弟也遍布各个岗位，请您跟大家分享一下桃李满天下的感觉。

孙红梅：有一大批像我一样怀着一腔热血来到航修工厂、追求航修事业的年轻人。他们来了以后，光有热血是不够的。我刚进厂时，师父要求我们：第一要有过硬作风，因为我们修的是航空发动机产品，不能出任何纰漏；第二要有忠诚品格；第三要有精湛技艺。2013 年，工厂成立了工作室，践行工匠精神，传承技艺，有两项任务：一是完成一些新工艺、新技术的应用研究，解决生产难题；二是培养人才，传帮带。现在，我们工作室已经是湖北省技术交流平台，也是空军装备部技术交流平台。工作室的成立对团队的发展和进步起到了非常好的促进作用。

我带的徒弟有 35 人，大部分已经在其他岗位工作，也是岗位技术骨干。其中，马海强一进工厂就到了工作室，后来很快就独立承担新技术的研究。他研究的激光熔覆工艺已经应用到产品上，每年可以为工厂节约几百万元的资金。他现在已经成了技术骨干、传承人，是最年轻的分厂厂长。

主持人：您认为要成为一名技术骨干，应该具备哪些方面的素养？

孙红梅：要成为技术骨干，第一要理论联系实际。要先把具体的操作搞明白，知道难点和痛点在哪里，再研究怎样把理论应用进去。实践是创新的源泉，只有知道哪个地方有问题，然后想办法去解决，这样才能有创新的东西。第二要踏实工作。本分踏实地工作，一定要沉得下心来，要能深入进去，这是一个基础。第三要对工作有敬畏之心，要真正地对工作负责。我师父跟我说，手里的产品就是我们的饭碗，最重要的是产品关系到战友生命，关系到战斗胜利，关系到国家安全，所以对工作要有敬畏之心，对手中的产品也要有敬畏。这么多年走下来，我觉得对工作的敬畏和负责，其实就是对人生和家庭的敬畏和负责。第四要发扬执着专注、一丝不苟、精益求精、追求卓越的工匠精神。遇到困难时能够往前走一步、跨一步，有深入进去的勇气和决心，这一点也是非常重要的。

主持人：最后，请您谈一谈您所理解的工匠精神。

孙红梅：我理解的工匠精神就是要干一行爱一行，专一行精一行，要把我们的工作做到最好、做到极致；就是要踏实地做事、诚实地做人，在科学严谨的基础上不断地去创新，让技术得到更好的升华。

特约嘉宾

郑志明　党的二十大代表

　　　　广西汽车集团有限公司首席技能专家

主持人　许梦醒《中国工人》杂志社采编部主任

他是党的二十大代表，是大国工匠，更是车间里的创新发明家。大到机器人工作站，小到工装夹具，公司几乎每个生产环节都离不开他的发明创造。从引进模仿到赶超输出，他用创新助力中国汽车制造业的逆袭。

艰苦创业、自强不息、

创新创造、勇往直前、

郑志明

艰苦创业，自强不息，创新创造，勇往直前。 —— 郑志明

>> 郑志明：车间里的“爱迪生”

主持人：匠心筑梦，技能报国，欢迎来到第二届大国工匠创新交流大会暨大国工匠论坛。这里是由《中国工人》杂志社推出的《中国工人蓝沙发》系列访谈节目——《看见·大国工匠的创新之路》。我们今天的访谈嘉宾从普通产业工人一路逆袭、成长为大国工匠，是身怀绝技、热衷于发明创造的技术大拿。他就是广西首位大国工匠、广西汽车集团有限公司首席技能专家——郑志明。

作为钳工，您多年来练就了一手人刀合一的绝活，对零部件的加工精度可以控制在0.002毫米，相当于头发丝直径的四十分之一。您为何一定要做到如此精度呢？

郑志明：作为一名工匠，我们热衷于把产品做到极致。只有使设备零部件的加工精度达到更高，才能生产出合格的产品。因此，我们要练就一身的绝活，把加工零部件产品的设备做到更高的精度。

主持人：那您又是如何练就到人刀合一的程度的呢？

郑志明：其实，达到人刀合一的程度需要对自己所学所练的技能不断地去练习。最开始，我的水平不高，通过练习去掌握手上的感觉，然后慢慢地提升到一定程度之后，还得去研究这个零件的外形结构，研究所拿的刀具的外形结构，研究手的感觉能做到什么程度，综合起来让自己不单能掌控零件，还能掌控自己的手，最后达到人刀合一的境界，甚至随心所欲——想怎么加工就怎么加工，想达到什么精度就达到什么精度。这是一个不断积累、沉淀的过程。

每参与一个项目，我都会抓住机会补齐自己的短板，经过长时间的学习和积累，自然而然地掌握了很多知识。

主持人：您的这身功夫是不是跟您的童年息息相关？听说您小时候就很喜欢动手组装玩具，能给我们讲讲这段故事吗？

郑志明：因为小时候比较调皮，特别喜欢玩，而且那个年代玩具相对较少，所以我就会动手制作各种自己喜欢的玩具。比如，小时候我曾经拆了家里的自行车链条，做成火柴枪拿着玩。游泳的时候，看到大人有潜水镜，然后我就回来自己模仿制造。我用父亲的玻璃刀在玻璃上划出一个椭圆形，然后把玻璃切下来打磨，把它的周边磨钝。再找到汽车的轮胎胶，把它剪切之后，用铁皮把轮胎胶箍住玻璃做成一个套在鼻子和眼睛部位的潜水镜。当我拿着自己做的潜水镜潜到河里面的时候，就能看到很多的小鱼。于是我又做了鱼枪去抓鱼，抓到鱼就特别开心。

主持人：能够把热爱变成职业，这是很多人梦寐以求的事情，但也不是简单的事情。您不仅会钳工，还会车、刨、焊、铣，可以说是一个全能型的专家。您是怎么做到的呢？

郑志明：第一是我非常喜欢钳工这个职业。我进入企业时比较年轻，就想着既然从事的是机械行业的钳工，那就应该把机械行业有关的工种技能都学会，为将来的发展打基础。另外，我也喜欢搞一些创新，会把每一次遇到的困难、问题当作自己成功的一次机会。我在设计制造创新的小夹具、小工装的过程中会涉及一些车、铣、磨、焊等加工技能，不可能每一次都找别的师傅帮忙，因此就去学习了各种各样的技能。

第二也跟师父有关系。我当年进厂时就有三位师父，他们分别教会了我钣金钳工、工装钳工、车工等技能。他们毫无保留地把知识、技能传授给我，让我得到了快速成长。我一干就干了二十多年，靠的就是这种坚持、信心、信念，不断地去努力、创新，最后达到现在的高度。

主持人：在学习的过程中，您是一个喜欢学习、善于学习、会自学的人，自学了很多自动化的知识，能给我们讲一讲吗？

郑志明：我在进入企业后首先学技能，学懂技能之后，发现自己缺乏很多方面的知识和技巧。比如说在学校时，我们用铅笔、直尺画图，但当时工厂车间已经用电脑画图，最开始用的是 CAD、CASS 等平面的电脑制图软件，后来用 UG 等三维制图软件。我觉得 UG 软件适用性强，就跟着车间里的大学生、工程师学习。后来参与研发，我又发现自己缺乏自动化方面的知识，就继续跟着工友们学习自动化、数控等方面的知识和技能。每参与一个项目，我都会抓住机会补齐自己的短板，经过长时间的学习和积累，自然而然地掌握了很多知识。

主持人：您除了拥有的这些职称、荣誉之外，还有一个头衔，就是"车间里的爱迪生"。您是怎么获得这样一个头衔的呢？

郑志明：工作中，我们会遇到各种各样的问题、困难，有些问题可以靠创新发明解决。有一次，我去装配车间，一位职工朋友和我聊起他的工作。当时他负责后桥壳特种螺栓压装及桥壳上线，需要把后桥的螺栓压装之后，再把后桥扛到装配线上组装。每台后桥重 26 公斤，他每天要扛 500 次，也就是说一天要扛 10 余吨的后桥上线，非常辛苦。我就想着是否可以设计一个自动化的机械手来代替人工搬运。于是，我就专门研究了机械手，花了一些时间做出了自动化的机械手，并在车间投入使用。这个发明得到了工友们的认可，也让我坚定了信心和决心——为职工朋友做更多的自动化设备，提升产品精度，降低工人劳动强度。就这样，我喜欢上了小发明、小创造，也因此获得了这个头衔。

别人休息的时候我们会进入最艰难的时间，在这个时候我才真正体会到什么是艰苦创业、自强不息，它真的需要我们放下所有，去努力改造、创新。

主持人：您是从什么时候开始发明创造的？您改进的第一件自动化装备是什么？

郑志明：我从 2005 年开始研发自动化装备，在这之前，五菱的工厂还没有一位职工能自己研制设备。当时是有一个契机。我跟着后桥装配工段的工段长来到后桥焊接工段，看到一名工人蹲在地上，头戴焊接头盔，右手拿焊枪，他先用焊接头盔遮挡住眼睛，然后凭记忆用焊枪焊零件，火花打起之后，他再找到这个零件，一边旋转一边焊，就这样完成放油螺母的焊接。看到这个情况，我的第一想法就是如果能设计出一台自动化焊接设备来代替人工操作，职工工作的安全性和工作效率都能大大提高。

我跟电工、工段长、工程师讨论之后，成立了 4 个人的小团队，利用业余时间去机电市场买电机和所需的元器件。我负责整台设备的设计，工程师负责画工程图，电工负责做电气控制部分。4 个人用了 3 个月的时间研制出一台放油螺母自动化焊接设备。焊接工人只要拿着零件放到设备里，按下启动按钮，就可以完成焊接工作。当年五菱的人工成本是每人一年约 3 万元，这台自动化设备为班组节约了 3 个人工成本，那么年终人工成本就可以节约 9 万元。这项发明参加了公司当年的年终合理化建议的评比，获得了一等奖；第二年又参加了广西先进工艺装备的评比，获得了二等奖。

主持人：像这样的创新发明您有100多项，大到机器人工作站，小到工装夹具，您的这些创新灵感来自哪里？这样的创新为企业带来了什么样的变化？

郑志明：这些创新的灵感来自工作现场，首先是我对生产线的熟悉，包括各种加工工艺，比如车、铣、磨、钳、刨等，以及零件的加工方法，再加上多年在生产线积累的经验，能够产生各种各样的灵感组合，让我可以设计出各种创新的装备、项目。

这些创新为企业带来了巨大的效益。当年进入五菱时，有老百姓说“五菱五菱，走走停停”。20世纪90年代，老百姓并不认可五菱汽车，因为五菱汽车生产质量参差不齐。通过一代又一代的五菱人不断地创新努力和技改，五菱汽车的品质得到了提升，老百姓对五菱汽车的评价也随之发生了改变，现在大家亲切地称五菱汽车为“五菱神车”。最近，我们推出的新能源汽车五菱宏光 MINI ，最便宜的款式售价不到3万元，非常受老百姓的喜爱。价格低不等同于品质低，我们通过技术创新在提升品质的同时，还把加工零件的成本降下来了，进而降低了整车的生产成本，所以我们能够生产出老百姓能买得起的“神车”。

主持人：在广汽集团的车桥厂，有一条焊接生产线的自动化程度达到了80%，是您和工友们引以为傲的一条生产线。请跟我们讲一讲这条生产线的创新故事。

郑志明：2017年，公司决定做一条后桥壳自动化焊接生产线。整条生产线的工艺比较复杂，涉及焊接机加工、液压整形、胀形、调直等工艺，综合起来对技术的要求比较全面，难度比较大。当时没有其他人愿意接下这个任务，我带着工作室团队自告奋勇，接下了设计制造这条装配线的任务。整个过程经历了很多意想不到的曲折。刚开始我们设计出各种各样的工艺来实现整线的自动化，但是在后桥的组装焊接的过程中，焊接出来的产品发生了变形。为了解决这个问题，我们又专门设计制造了一台靠液压胀形和整形的自动化装备。生产线投入使用后不久，我们又发现产品的冲压模具稍微一变化，生产线会产生各种卡壳情况。因为零件发生微小的偏移之后，它会造成自动化焊接的位置发生偏移。

后来经过了多次研究，我和团队做了各种各样的创新技改，最终花了一整年的时间才把整条自动化生产线做出来。在克服了重重困难之后能成功研制出生产线，我们感到非常自豪。

主持人： 您的创新经历与党的二十大报告当中强调的要加快实现高水平科技自立自强相呼应，您是如何理解提升自主创新能力、努力突破关键核心技术这一理念的？

郑志明： 我觉得，要突破核心领域的技术，特别是“卡脖子”技术，是非常有必要的。2010 年前后，我们企业开始进行自动化方面的革新，当时就从国外引进了一条全自动化机器人焊接生产线。但是这条生产线的关键技术掌握

在别人手里，使用时间一长，遇上疑难问题总得请外国专家。企业花在维修上的时间和金钱成本非常高，而且生产线一停，生产进度严重滞后。当年，五菱平均几十秒就可以生产一台汽车，生产线如果停产一周，产量将受到很大影响。从那个时候开始，我们就研究自动化装备、自动化技术，只有自己掌握了核心技术，才能不被别人“卡脖子”。所以我认为，掌握核心技术非常必要，只有掌握在自己手中，才能不受制于人。

主持人：您所在公司的门口挂着一幅标语：“艰苦创业、自强不息。”您是如何理解和践行这八个字的？

郑志明：这个标语从我进入公司时就已经挂在那里了。其实，最开始的时候我也没法理解。从进入工厂跟着师父干活，到后面自己研究开发自动化装备，我才真正地明白什么叫艰苦创业、自强不息——是需要我们去对生产线进行改造创新。这个改造创新不是随时随地就能干的，需要等生产线停下来，我们才有时间去进行技改创新。别人休息的时候我们会进入最艰难的时间，在这个时候我才真正体会到什么是艰苦创业、自强不息，它真的需要我们放下所有，去努力改造、创新。

> **老一辈五菱人为了研发汽车曾经拆解日本的汽车，现在日本反过来要研究五菱的汽车，我们从引进模仿转变为赶超输出。**

主持人：2022年有一个重要时刻对您来讲非常有意义。您作为党代表参加了党的二十大，特别是在广西代表团的讨论会上，您面对面地向习近平总书记汇报了自己的创新成果。请您和我们分享一下这段难忘的经历吧。

郑志明：2022年，我作为党的二十大代表非常荣幸地到北京参加了党的二十大。在广西代表团的讨论会上，我向习近平总书记介绍了五菱的两款新车型，其中一款车已经在印尼上市，被指定为印尼 G20 峰会的官方用车。这款新车有 14 项自主创新的技术，核心芯片达到 100% 的自主研发，特别是汽车的核心电驱桥这条生产线是由我们工作室设计匹配的，制造成本仅为过去的 1/3。习近平总书记听了我的介绍非常感兴趣，他说，这款印尼 G20 峰会的官方用车不能白送，要收钱。

我又给总书记介绍了被称作“神车”的五菱宏光 MINI 受到年轻人的热烈追捧。老一辈五菱人为了研发汽车曾经拆解日本的汽车，现在日本反过来要研究五菱的汽车，我们从引进模仿转变为赶超输出。总书记听了非常开心，还给我们点了赞。

主持人：您是如何看待创新，如何看待工匠精神的？

郑志明：作为一名工匠，工匠精神是每一位技术工人都应该具备的品质。首先，要在自己的工作岗位上，把手中的每一个产品加工到极致。其次，作为新时代的工匠，还应该有创新精神。社会的发展和企业的进步靠的是创新，只有每一代产业工人通过不断努力，去创新、创造，我们的国家才能越来越强大。我觉得作为一名产业工人，不但要有工匠精神，还应该具备创新精神。

主持人：您把自己的技能毫无保留地传授给了徒弟们，先后带出了高级工、技工、高级技师等 50 多人。您在带徒弟方面有什么秘诀跟大家分享一下？

郑志明：第一，先给新徒弟上一堂思政课，让他在思想上有转变：不管是哪一个职业工种，都可以通过自己的努力成长成才。要他明白刚开始可能很多事情不会做，但可以通过自己的努力走到想要的高度或者达到目标。

第二，从技能方面，我会先让他学习传授给他的技能。把手上的技能掌握之后就带着他做项目，让他看明白之后自己独立完成一些小项目。当他具备能力之后就让他独立操作，从小项目到中项目，再到更大一些的项目，认真地学习和掌握各种知识和技能。这样慢慢地随着时间的推移，只要他能够沉下心来坚持，总有一天能成才。

特约嘉宾

陈亮　全国劳动模范

无锡微研股份有限公司

加工中心班组班长

主持人　安静　中国工人出版社副总编辑

1微米有多细？一根头发丝直径的1/60！1微米有多难？精密加工技术难题“卡脖子”多年。带着对1微米的极致追求，他打破常规思维，大胆创新操作工具，提升生产精密模具效率，淬炼1微米绝活。

勤于创造、勇于奋斗，做新时代大国工匠。

陈亮

勤于创造，勇于奋斗，做新时代大国工匠。 ——陈亮

>> 陈亮：你好，一微米大师

主持人：匠心筑梦，技能报国，欢迎来到第二届大国工匠创新交流大会暨大国工匠论坛。这里是由《中国工人》杂志社推出的《中国工人蓝沙发》系列访谈节目——《看见·大国工匠的创新之路》。我们今天的访谈嘉宾的拿手绝活是把模具精度控制在一微米。他就是全国劳动模范、全国技术能手、长三角大工匠——陈亮。

您给我们科普了一微米的概念，它相当于我们头发丝直径的六十分之一。我也在想，是什么样的工作需要这么高的精度？

陈亮：我们是专业做模具的，模具的制作精度在制造业中是非常关键的。模具制造的精度越高，最终生产出来的产品质量精度就越高。我们能做的精度可以达到头发丝直径的六十分之一。模具被誉为“工业之母”，是衡量一个国家综合国力的重要标志之一。作为一名模具人，我要追求极致，把模具的精度做到一微米，为中国制造添砖加瓦。

因为只有舍得付出、舍得努力，肯投资，才能等到机会。机会来了，也才能抓得住。如果平常不努力、不准备，机会来了也抓不住。

主持人： 您从 14 岁进入职业院校开始，和车间、技能、工艺这些词紧紧地联系在了一起，一干就是 20 多年。当初是什么样的原因或者情结，让您选择了这条路？

陈亮： 我出生在江苏宿迁农村，1998 年来到无锡上了中专学校，学习模具设计与制造专业。我对模具非常感兴趣，毕业以后就进入专业对口的单位，第一个岗位就是铣工。铣工在机械加工当中是非常重要的岗位，它对基本功的要求非常高，包括看图能力、识图能力。如果铣工做得好，后面不论是做磨工还是去加工中心，都会做得很好。所以，我选择了铣工这个岗位。我本身是农村出来的，咱不怕吃苦，只要有前途、有奔头。

主持人： 像铣工工种一般需要三年才能出师，但您只用了一年半的时间就出师了。当时是怎么做到的？

陈亮： 每天我都会早来、晚走。早来的目的是看看前一天师傅们做的零件是什么样，再自己琢磨该怎么做。我不可能把每个零件都做一遍，那么就要看看别人是怎么做的。下班了我晚一点儿再走，跟老师傅们再学一学。加工机床上面有很多铁屑或者乳化液、冷却液，我每天下班就轮着给老师傅们把加工机床擦干净。他们就说："陈亮这个小伙子看起来有点憨憨的，但是蛮勤快的。"老师傅们觉得我比较好学又勤快，愿意把他们的技术经验教给我，所以我的成长就很快。

后来，我就在想是否能够把现在做的手工工作，用数字化、自动化技术替代，把产品加工出来。我就买了一些书籍，学习数控编程的理论和知识，还花了 9000 元买了一台电脑，把数控加工的手动编程、自动编程学得非常好。当时花这么多钱买一台电脑是一笔不小的开支。我虽然在生活上有点儿抠门，但是买电脑和书还是比较舍得的。因为只有舍得付出、舍得努力，肯投资，才能等到机会。机会来了，也才能抓得住。如果平常不努力、不准备，机会来了也抓不住。

> **公司粗加工车间在长廊的这一头，精加工车间在长廊的那一头，这三百米的长廊，说长不长，说短不短。你努力了，它就是半步之遥；你不努力，它就是一道不可逾越的鸿沟。**

主持人：您作过一个比喻，说生产车间走廊一头是粗加工，另一头是精加工，如果不去努力的话，那这个走廊就像一座大山一样，是翻不过去的。当时您是怎么翻过这座大山的呢？

陈亮：那是我在粗加工车间工作的第五年，公司当时接到了高精度电视机定位销订单。定位销是椭圆形的，椭圆的每个点的轨迹都不一样，而订单要求的精度最好是一微米。公司的老师傅们只能加工到三到四微米。公司领导想到我的能力不错，就把我调到精加工车间。老师傅们拿刀具进行产品加工，我就想能不能融入砂轮进行加工。加工中心 95% 以上的产品加工使用刀具，很少用到砂轮。砂轮装到刀柄上以后，我们要人为地做一个柱子，把它放到里面固定起来，这只是实现了一个固定的作用。在砂轮高速旋转的时候，还要考虑调动平衡的问题。如果动平衡调得不好，它转起来有可能会像子弹一样向外飞，这是很危险的。刚开始由于加工参数调整得不合理，这样的砂轮损耗了一二十片。我们团队花了很大的精力，终于把产品做出来了。不论是表面粗度，还是表面质量、粗糙度，都非常好，精度达到了一微米。客户很满意，自此圈儿内给了我一个名号，叫“一微米大师”。

公司粗加工车间在长廊的这一头，精加工车间在长廊的那一头，这三百米的长廊，说长不长，说短不短。你努力了，它就是半步之遥；你不努力，它就是一道不可逾越的鸿沟。所以说，这次工序的创新，是我从粗加工到精加工华丽转身的一个里程碑。这片砂轮对于我的意义胜过了金银。

主持人：当时您是怎么想到将铣和磨这两种完全不同的工序结合在一起的，那次的创新对您意味着什么？

陈亮：我每天会到公司的各个岗位和工序现场去转一转，脑海里有很多想法。所以，我到了精加工车间以后，就想到了把砂轮移到加工中心上面来磨削。磨比铣的表面质量和精度都高，为什么铣和磨要相结合？因为铣能保证高效率，磨的效率性能低一点，如果又铣又磨，既实现了高效率，又保证了高精度，铣和磨的完美结合成就了这个创新创造，也成就了“一微米大师”。

主持人：微米级的突破，离我们的生活很近。比如易拉环，在生活中非常常见，但它有个“卡脖子”的技术。您跟我们讲讲它的故事吧。

陈亮：大家常喝的罐装饮料的易拉环在运输过程中，既不能自爆，也不能漏水，按理说应该非常牢固，那为什么我们能把这个环拉得很容易？罐装饮料的易拉环处预埋了线痕在里面。这个预埋的线痕，如果太深了，在运输过程中就会漏水或者自爆；如果太浅了，我们就拉不动这个环。所以，这个线痕的要求就非常高。刻这个线痕需要刻线刀。易拉罐上有很小的线痕，肉眼是看不清的。当时最大的一个难点是：我们只有这样一个样品，没有图纸，不知道尺寸精度、用的材料、加工的工艺，只好通过反复地测绘，用各种材料进行尝试。经过一年多的工夫，经历了很多次的失败，最终才加工出一个突破这种“卡脖子”技术、打破国外长期技术垄断的非常好的刻线刀。这个刀具的使用寿命跟美国、日本、德国的进口刀具不相上下，但成本和价格只有进口刀具的三分之一。

我们当时的心情是特别的自豪。像这种跟大家生活非常密切的罐装饮料，它的关键模具和刀具还需要去进口，我们作为模具人感觉压力非常大，也感觉责无旁贷。这个产品最终研制成功后，客户反馈很好，我有种瞬间起飞的感觉，非常高兴——产品的寿命跟进口产品不相上下，成本还比它们的低。这个项目的研发成功让我和团队收获了自信心——外国人能做好的东西，我们中国人可以做得更好。

没有你们，很多设计只能停留在图纸上、实验室里。你们把实验室里的设计更好地产业化，更好地服务于百姓，提高百姓的生活品质。

主持人：听说当时清华大学慕名找到您所在的公司想开展合作，当时是一个什么样的情景？

陈亮：大概是 10 年前，清华大学成功研发了一个拥有自主知识产权的、用于柴油机喷油嘴的高端装备的样机。但是，这个样机始终不能产业化，即不能大批量生产。研发团队排查的根本原因是核心零部件的制作精度达不到生产要求。于是，他们找到我们公司想开展合作。我们看了图纸上的要求：零件既要是曲面，又要很薄，大概只有十几张纸那么厚，也很犹豫。公司领导出于民族情结，大胆地把这个项目接了下来，成立了项目组，李宝泉担任组长，我担任副组长。

这个核心的零部件有一个凹件，只有十来张纸那么厚，要求精度是一微米，在上面还有跟它配套的一个凸件。除了零件本身制作精度要求高，它还要求凹凸配合起来，并且在它旋转的时候，精度要求也非常高。这个精度越高，反映到孔上面的精度就越高，柴油机喷油嘴喷射的时候就比较精准，雾化就比较均匀，燃烧就比较充分，这样就可以节能环保。我们就以这个设备作为突破口，又和清华大学一起研发了用于飞机发动机的喷油嘴高端装备。这项研发拥有自主知识产权。我们生产出核心零部件，按照图纸把部件加工好，这就是大国工匠技能领域人才的作用。

清华大学一位老教授紧紧地握着我的手，说："陈大师，我现在特别理解和支持国家对技能人才、大国工匠越来越重视。因为没有你们，很多设计只能停留在图纸上、实验室里。你们把实验室里的设计更好地产业化，更好地服务于百姓，提高百姓的生活品质。"听到这段话，我感动得热泪盈眶。清华大学是国际上非常有名的高校，而研发这个项目时，我只是一个中专生。通过我们团队不懈的努力，获得了清华大学的认可和赞美，让我觉得做好大国工匠、技能人才、产业工人，非常有奔头，非常有干劲儿，特别有自豪感。

主持人：您的工作室被评为国家级技能大师工作室，现在工作室大概有多少人，平时主要做一些什么工作？

陈亮：我们工作室有 15 个人，人员配备既有清华代表方的专家，也有职业院校的老师，还有一线的现场加工人员。工作室既是国家级技能大师工作室，也是江苏省示范性劳模创新工作室，平常解决现场生产"卡脖子"的技术问题。现在工作室培养出来的徒弟基本上都能够独当一面了。我有个徒弟叫陈小龙，他的技术水平跟我不相上下，但是他很年轻，他的产能比我好、收入比我高。有好多人都说，教会徒弟饿死师父。但我不这么想。我认为被徒弟超越是一件很自豪的事情。你培养出来的徒弟越多，那么储备人才就越来越多，才能推动中国从制造大国走向制造强国。

主持人：除了成立工作室，您在传帮带方面还做了哪些事？

陈亮：我是江苏省的产业教授，也是教育部的产业示范导师，参与职业类院校和大学校本教材的编写。我也把技术加工的心得体会编成操作作业指导书，把宝贵的知识和经验更好地传递给学生和年轻的工匠们，帮助他们成长。我平常会拍摄技能微课或技能短视频，包括录制劳模工匠大讲堂，甚至去给幼儿园的孩子讲劳模工匠课，给他们讲如何用勤劳的双手创造一些美好的产品、优质的工件，让他们在很小的时候就能在心中种下劳动最光荣、劳动最伟大、热爱劳动等美好的品质。

主持人：从一名学徒工成长为大国工匠，您觉得自己身上最重要的特质是什么？对于有志加入技能人才队伍的年轻人来说，您有什么样的建议，让他们能够更好地走好自己的人生路？

陈亮：我认为主要的特质，第一个是肯吃苦，我是从农村来的，爱钻研、敢创新；第二个是精益求精，有追求极致的习惯和毅力。党的二十大报告提到了大国工匠，包括高技能人才，都被纳入了国家人才战略。我一直在一线制造岗位上，这几年深深地体会到产业工人、技术工人的春天来了，包括社会地位、待遇都提高了很多，学习的路径也非常多。我以个人成长的经历呼吁更多的年轻人，特别是做技术的人要沉下心来，要有耐心和信心，只有不断地精益求精，才能练就绝活儿，在突破“卡脖子”技术上贡献自己的一技之长。现在强调技高者多得，像我们企业正在推行技术好的员工直接送技术股的政策，那么作为年轻人，只要沉下心来把技术练好，努力地做事，是金子肯定会发光的。在平凡的岗位上，也能书写精彩的人生华章。

特约嘉宾

张玉川　全国技术能手

国能宁夏石嘴山发电有限责任公司

热机设备管理部焊接班高压焊工

主持人　许梦醒《中国工人》杂志社采编部主任

生产一线上，他是冲锋在前的“拼命三郎”；抢修任务中，他是一往无前的“浴火焊匠”。他攻克技术难题100余次，为企业创造经济效益超千万元。绚烂的电焊弧光在他的手下产生，燃烧的创新火种从他的身上传递。

立足岗位，敢于创新担重任，
精益求精，独具匠心筑灵魂

张玉川

立足岗位，敢于创新担重任。精益求精，独具匠心筑灵魂。 —— 张玉川

>> 张玉川：15 万根焊条里的人生

主持人：匠心筑梦，技能报国，欢迎来到第二届大国工匠创新交流大会暨大国工匠论坛。这里是由《中国工人》杂志社推出的《中国工人蓝沙发》系列访谈节目——《看见·大国工匠的创新之路》。今天的访谈嘉宾经常身处焊花四溅、烟尘缭绕的环境之中，穿行在密如蜘蛛网的管道里，他就是“浴火焊匠”、中国电力楷模、国家能源集团首席焊工——张玉川。

您的工作环境很艰苦，经常在炉洞口爬进爬出，这一干就是 30 多年。能给我们描述一下您工作场景是什么样子的吗？

张玉川：我们厂到目前为止有 6 台 33 万千瓦的机组，由于锅炉结构比较特殊，每一层都有两个人孔门，就跟家里的水桶一样，直径大概是 50 厘米。两个炉洞口中间的距离有七八米，里面的作业空间特别狭小，比较低矮，大概只有七八十厘米高，人进去后根本就直不起腰，需要一直弯着腰工作。遇到抢修任务时，由于锅炉内部管排的温度比较高，灰尘比较大，在里面焊接十几分钟就会满头大汗，连呼吸都比较困难，甚至全身都会僵硬，更要命的是汗水流入眼睛，遮住视线导致无法焊接，有时候连鞋底都能烫掉。

在工作中要创立自己的品牌，让人一问是谁干的，就能说是张玉川干的。

主持人：您从事的是高压焊接工作，这个焊接和其他焊接相比有什么不同，它究竟有多复杂？您高压焊口作业的合格率达到 99%，这是如何做到的？

张玉川：焊接工作有一整套程序，从焊接材料的选择和处理、焊接设备、焊接工艺、焊接技术，到焊接质量、焊后热处理一整套的集成规范缺一不可。焊接工作比较特殊，需要不同的焊接材料，它的位置、口径的大小都要取得相应的焊工合格证，才能够进行实地操作。高压焊工对焊接技术要求比较高，它的温度在 540 摄氏度，工作压力在 190 多公斤。水烧开了以后，100 摄氏度能看到冒白烟，而 540 摄氏度就是一种过热蒸汽，眼睛看不到，泄露时只能听到声音。工作压力 190 多公斤是什么概念？一旦发生泄漏或爆炸，它比子弹出膛的速度都要快。

高压焊口的合格率达到 99% 的成绩是勤学加苦练得来的。不管干什么工作，都要认真对待，要把它干到最好，不在工作中留遗憾。在工作中要创立自己的品牌，让人一问是谁干的，就能说是张玉川干的。

主持人：您学习焊工算是半路出家，在学习的过程中还发生了不少曲折的故事。您是如何走上焊接这条路的？

张玉川：1987 年我参加工作时没有被分到焊工班，而是被分到管阀班从事钳工工作，但经常与焊工师傅打交道。每当看到焊工师傅把两个看似不相干的管子或板子完美地焊接在一起，我就感到特别好奇。于是，我就下定决心学焊工，工作之余向每一位值班的焊工师傅学习。经过一段时间的练习，我的焊接技术有了一定的积累。

当时，我得知当年年底有焊工培训班，需要一个月的培训时间。我把自己平常加班的时间积攒下来兑换成换休票，用了将近一年的时间才攒够一个月的学习培训时间；培训班的费用是1000多元，我当时一个月的工资是60.2元，这个培训费相当于我两年的工资收入。参加培训时我除了吃饭和睡觉，其他时间几乎都在练习焊接技术。学习期满时我以优异的成绩考取了中压焊工合格证，成为那期培训班唯一一个取得平焊、立焊、横焊、仰焊、小管、中管六项均合格的学员。后来，经过厂长批准，我破格成了一名焊工。

主持人：在焊接方法里，像您说的平焊、立焊、横焊、仰焊，哪一个是最难的？您是如何苦练基本功的？

张玉川：我认为仰焊是比较难掌握的。因为仰焊需要有臂力和准确性，我当时把一个六斤重的铅手腕套在胳膊上进行练习，这样可以增加臂力和准确性。仰焊操作比较烫，当时穿着绒裤进行练习，结果左臂的衣服上面整个儿都烫没了，只有下半部还连着，而绒裤从腰到膝盖以上的地方几乎都烫没了。

主持人：听说您有一个称号叫"拼命三郎"。这个称号跟一次抢修任务有关，当时您刚刚做完阑尾炎手术，刀口还没有愈合就冲到了抢修现场。当时的情况是怎么样的？

张玉川：当时我们厂二号炉过热器爆管，需要紧急抢修。因为工作环境比较狭小，而且所有的焊口焊完以后必须得一次成功，不允许二次返工，所以对焊接技术的要求也比较高。那时是我刚做完阑尾炎手术的第六天，刀口的线还没有拆。接到班组的紧急求助电话，我找了一条新毛巾垫在腹部刀口上，怕干活时毛巾掉下来，又特意在毛巾外面扎了一条皮带。我来到现场，才发现需要更换管排的位置很不好，处在管排的第9根，当时割了5根悬吊管，用10吨的倒链拉开了一个不足350毫米的间距，人下到中间才能焊接。在这样的空间里工作，需要不断地变化焊接姿势，我每变化一次姿势，都能感到腹部传来的撕心裂肺的疼痛。我不停地鼓励自己：挺住，一定要坚持住。就这样，我连续工作了三天三夜，一共完成了32道焊缝。当最后一道焊口完成后，我艰难地从炉膛里爬出来，才发现缝合的刀口被撕裂，伤口已严重地感染发炎了，还不停地往外冒着血水，不得不再次到医院进行清创及缝合。当值的医生严厉地斥责我说：“太危险了！你小子不要命了！”从此，我得了一个“拼命三郎”的称号。

当时我去抢修的时候，父母和爱人极力阻拦，说：“张玉川你不要命了，刚做完阑尾炎手术第六天，刀口还没拆线，你怎么能够去现场工作呢？”但是使命感和责任感，包括信念，支撑着我完成了这次任务。每完成一项抢修，能为厂里创造效益，我感到很满足。我深知大河无水小河干，只有企业更好地发展了，才有我们小家的幸福美满。

主持人：*您的发明创造屡次填补焊接技术的空白，请您介绍一下自己的焊接成果里面有哪一些是您非常有成就感的？*

张玉川：我先从第一项说起。第一项创新就是利用破坏性恢复法对我厂的低温过热器进行技术改造。当时，我厂有 6 台 33 万千瓦机组，锅炉受热面“四管”防磨防爆工作是最重要和最关键的，“四管”检查工作必须全面细致，但是在低温过热器检查中却存在盲区、盲点，每次停炉大修和小修，都无法准确判断管排的磨损情况。低温过热器垂直段引入大罩壳内低过出口联箱，垂直段管排之间空间狭小，无法通过，导致分隔墙低过管组无法进入检查。根据低温过热器、分隔墙、低温再热器的管排布置情况，我采用“破坏恢复法”，将分隔墙中间两根直管去掉，重新焊接两根弯弧管，形成人孔状。这项技术改造，有效地消除了低温过热器盲区，保证了低温过热器管排检查维护工作顺利开展以及锅炉的安全运行，直接挽回经济损失 840 万元。

第二项创新是自制焊钳焊接过热器联箱隔板，成功地解决了生产中的专业技术难题。我们厂屏式过热器联箱隔板脱落，先后三次爆管，联箱隔板在联箱开口 680 毫米位置处，联箱直径仅为 179 毫米，如何恢复隔板成了一大难题，焊接位置困难，焊接操作难度大。若按照制造厂家的技术方案，不仅工期长，而且工作量大。我根据现场实际情况，反复琢磨，用废弃的割把自制成可伸缩的焊接工具，成功地完成了焊接任务，按上网电价计算，仅此一项技术就挽回经济损失216万元。

还有一项创新是发明了悬吊挂钩。我们厂一个锅炉过热器爆管，需要紧急停炉抢修。由于爆管位置不好，要更换管子，得切掉悬吊管才能施焊。管子焊接完成后，如何恢复悬吊管就成了问题，由于管距小，穿、拆钢丝绳很困难，费工费力。我根据现场实际情况，制造了悬吊挂钩这种专用工具，只需将挂钩放入管排中旋转90度就能使用，有效地减少工作量，提高了工作效率，为抢修赢得了宝贵的时间。这项发明在电力企业得到了广泛的推广使用。

踏踏实实地工作，诚信诚实地做人，在工作中干好每一项工作，树立自己良好的形象和工作品牌，要深信是金子总会发光的。

主持人：您所从事的高压焊工在社会上非常抢手，特别是像您这样的佼佼者，听说有企业出高薪要把您挖走，有这事吗？

张玉川：有。20世纪90年代，有一个私企老板找到我，当时我的月工资收入还不到1000元，私企老板给我开出的工资是每个月1万元。前段时间，内蒙古一个发电企业的老总找到我，答应给我年薪税后达到35万元，加上各种奖金，年收入不低于50万元。但是都被我一一拒绝了。

石嘴山发电厂建于1958年，是宁夏的第一家发电厂。我父亲在建厂时就来了，也是从发电厂退休的，对发电厂有着非常深厚的感情。我作为厂二代，也有父亲的传承精神在里面。我热爱发电厂，喜欢焊接工作，热爱加喜欢一直支撑着我工作到现在。从我进厂到现在，石嘴山发电厂为了培养我付出了很多，给我搭建了一个发挥作用的平台。我觉得人要懂得感恩，知恩图报。我哪儿也不去，就把自己所掌握的焊接技术，更好地回报企业、服务社会。

主持人：现在，您被聘为国能集团的首席技能师，也被宁夏回族自治区评为“塞上技能大师”。有了这些称号之后，您觉得肩上的担子重了些吗？

张玉川：我感觉肩上的担子非常重，但是我有能力把它挑起来。技术工人对国家和企业的发展起着非常重要的作用。国家的发展，大到航天事业，小到我们的基础焊接，都离不开技术工人。所以，我觉得要把技术传承下去，对企业和国家的发展都起到促进作用。

主持人：您在培养徒弟方面是如何因材施教的？对于新一代的焊工有什么寄语？

张玉川：培养徒弟需要理论加实际。理论授课结束后，让徒弟在实际工作中大胆地去做，然后根据工作中暴露出的问题，在实践中及时指出来加以改正，并现场给予指导。像这样的培养方法可以使焊工的成长更快，对他以后掌握各种焊接技术有很大的帮助。我有一个徒弟，他从进厂就跟着我学，学得也

比较努力，经过五六年的时间，他已经成长为焊接行业的行家里手，被评为“宁夏回族自治区技术能手”，也被评为“塞上技能大师”。这是我感到最欣慰和满意的一点。

我想对新一代的焊工说：踏踏实实地工作，诚信诚实地做人，在工作中干好每一项工作，树立自己良好的形象和工作品牌，要深信是金子总会发光的。

主持人：您对工匠精神和创新是如何理解的？

张玉川：工匠精神是一种职业精神，包括敬业、精益求精、持之以恒、专注和创新等方面，它需要从业者具有良好的工作态度和强大高超的技术技能，注重对细节的雕琢，追求完美和极致。工匠精神也是一种默默无闻的奉献精神，需要通过不断地沉淀、打磨，才能最终取得成功。工匠精神还是一种传承精神，更是从业者的价值取向。创新对一个国家、一个企业来说，是发展进步的灵魂和坚持不懈的动力。在这个不断发展前行的社会中，没有创新就意味着停滞不前，创新能够改变人们对工作的看法，让工作变得更加有意义、有成就感，同时能提高个人的竞争能力。只有与时俱进，才能走得更远、发展得更好。

特约嘉宾

刘淼　中国酿酒大师

泸州老窖酒传统酿制技艺

第 22 代传承人

主持人　安静　中国工人出版社副总编辑

30 年老窖人生，从酿酒车间工艺员到中国酿酒大师，他顺应新时代要求，大力推动酿酒科技转化利用，实施酿酒自动化、智能化技改试点。站在新的历史起点，他用锐意创新，带领“浓香国酒”再度起航。

匠心极致酿好酒，
让世界品味中国。

刘淼

匠心极致酿好酒，让世界品味中国。　——刘淼

>> 刘淼：让历史乘风破浪

主持人： 匠心筑梦，技能报国，欢迎来到第二届大国工匠创新交流大会暨大国工匠论坛。这里是由《中国工人》杂志社推出的《中国工人蓝沙发》系列访谈节目——《看见·大国工匠的创新之路》。今天的访谈嘉宾被称为白酒行业的“少壮派”，守正创新是他身上的一个大标签，他就是全国劳动模范、中国酿酒大师、泸州老窖酒传统酿制技艺的第22代传承人，现任泸州老窖集团、泸州老窖股份有限公司党委书记、董事长——刘淼。

您大学毕业后就进入泸州老窖工作，一干就是30多年，是什么样的原因或者情结，让您主动地选择加入泸州老窖？

刘淼： 我出生在泸州，泸州俗称“酒城”，古称江阳，这里有长江、沱江以及赤水河，这几个流域都是酿酒非常好的地方。有句话叫“风过泸州带酒香”，整座城市都弥漫着酒香，所以在这种环境下成长，注定和酒很有缘分。

因为我上大学的专业是应用化学、生物化工，当时更偏重于生物制药的体系，本来想去其他地方，但是基于家庭原因，也基于对酒的感情，还是义无反顾地回到了泸州。跟酒的缘分就在于此。从1991年进入公司到现在已经整整

32 年了，还是感觉有乐趣。这是我的第一份工作，估计也可能是我的最后一份工作。

把老窖当成自己的家以后，那种情感真的是难以割舍，生怕它受到一点儿伤害。

主持人：在这 30 多年中，肯定有很多令您印象深刻的人或者事，您第一天踏入泸州老窖的场景是什么样的呢?

刘淼：那时候还不叫泸州老窖，叫泸州曲酒厂。当时，我们企业劳人处处长还专门问我："你是学生物化工的，去教这些学生专业的课，比如发酵工艺这些吧？"泸州老窖在当时有技工学校，但是我说："我还是去一线吧，以后出去别人问我酒是怎么酿出来的，我都讲不清楚的话，自己都觉得有点不好意思。"记得那天报到后，我去车间看，有起窖的，有拌粮的，有上甑的，还有封窖的。当时印象最深的是工人拿的铲子，也就是我们通常讲的铁锨，当时我说这是我这辈子见过的最大的铲子。我第一天使用铲子的时候，双手很快就起了血泡，一方面是没有干过这种具体的体力活，另一方面是不会使用这个工具。比如说，操作时得用膝盖顶住，发挥手和膝盖的综合力量，才能借用巧劲儿灵活使用铁锨，要不然操作不了几下手就软了，后面的工作也就无法进行。还有印象比较深刻的就是上甑操作，按工艺要求是"轻撒匀铺、回马上甑"，这个操作是很不容易掌握的。要保证蒸馏效率，就必须把这个动作做得很到位、把糟醅撒得很均匀，上甑操作必须经过不断地练习才能掌握工艺的精髓，酿酒是一个极为复杂的过程。

正因为有这样的经历，所以我现在从整个公司管理上面，对人才建设或者途径规划是要求必须在车间轮岗满一年。一是在酿酒这个板块轮岗，了解酒是怎么酿出来的；二是在后勤保障体系轮岗，了解酒是怎么研发、设计、包装出来的；三是在销售团队轮岗，必须到一线去。需要把公司整个流程走一遍，才能分配到对应的岗位上。

主持人：您在很多岗位上都工作过，那在这个过程当中有没有某一个时刻，您觉得自己必须去做一些改变？

刘淼：从我这个层面来说，因为经历得太多，印象最深的还是泸州老窖的一个重大转折点。2000 年以后，泸州老窖在经营上有点儿举步维艰，品牌没有，市场在萎缩，价格在下跌，整个消费群体也在丢失，情况令人担忧。公司当时提出来一流人才搞生产，超一流人才搞销售。公司挑选了 50 个人，我就在这第一批人选中。我到了销售体系，再去一线，后来又去做售后服务、策划工作。那个时候我就开始想着，品牌如何塑造、市场怎么拓展、文化怎么推广、团队怎么建设。2001 年 3 月 17 日，公司在成都发布了国窖 1573 经典装，我当时已经是策划部部长，参与了产品的前期研发、整体的策划、上市以及上市以后如何进行品牌传播、文化打造的整个过程。我们有了销售团队，又有了重点产品，也就是有了战士和称心如意的兵器，在整个体系下泸州老窖才逐渐走上了一个相对快速发展的通道。把老窖当成自己的家以后，那种情感真的是难以割舍，生怕它受到一点儿伤害，所以才有了临危受命这一出。

> **要让中国未来的年轻人感受到，白酒虽然是一个传统而古老的行业，但观念、模式、思维一点也不保守，一直都是在创新的。**

主持人：白酒是一个千年传承下来的行业。在您的心底，觉得有哪些观念必须被打破？

刘淼：白酒一直在传承中发展、创新，每一次的飞跃或者前进，都是创新的结果。这不仅体现在泸州老窖上，也体现在整个白酒行业上，包括其他行业、其他产业也是一样的。我们原来觉得酒香不怕巷子深，只要把好酒生产出来，别人就会来。但是经济发展时期，生产白酒的企业也多了，品牌也多了，消费者的选择余地也大了。在这个情况下，就需要作出改变。比如，国窖 1573 的推出也是创新，1573 的意思是酿造用的窖池最早始建于公元 1573 年，它是现存建造最早、连续使用时间最长、保存最完好的古窖池群，所以这个产品的含义是这样来的。

技艺要传承，匠心也好，恒心也好，这些该坚守的要坚守，但不是一成不变地坚持，有些东西就必须“破”，不破不立。如何在创新引领下传承和高质量发展？在这个层面上，首先要保证产能和品质，向茅台、五粮液这些优秀品牌学习。公司当时在扩产能时，就充分运用了从泸州老窖酒酿制技艺中提炼出来的数据及参数，这个是没有改变的，而守正创新的地方在于在坚持纯粮酿造、传承传统工艺精髓的同时，运用了现代科技，实现数智酿造、绿色酿造。

主持人：窖泥复刻是一种现代的技术，听说这种新技术能够让新窖池中产出的酒水品质不低于 30 年老窖的产品，这是怎么做到的？

刘淼：窖泥复刻技术获得了 2022 年四川省科技进步奖一等奖，也获得了中国轻工业联合会科学技术进步奖一等奖。浓香型白酒采用混蒸混烧、续糟发酵等工艺，俗话说“千年老窖，万年糟”，窖池需要连续不间断地使用，窖池对浓香型白酒的发酵和最后酒体风格的形成是非常关键的，窖池作为微生物生长代谢的载体，为酿酒功能微生物提供了繁衍的微环境，窖池连续使用的时间越长，窖泥中酿酒功能微生物群落种类、数量就越丰富，代谢产生的香味成分也就越多，也就是我们讲的“窖池老，酒才好”。我们有 1619 口百年以上的窖池、16 处明清酿酒古作坊和三大天然藏酒洞，在培养窖泥的过程中，我们成功复刻了百年以上窖池中的酿酒有益微生物，然后加入生产用的优质尾酒、黄水、大曲，以及其他相关的一些元素，可以让窖泥很快地老熟。同时，我们在新糟醅中配入明清酿酒古作坊窖池中的母糟，相当于以老带新，把这些元素都应用进来，就像我们做馒头一样，加入老面进行发酵，这样对酿酒有益微生物种类和数量起到很好的促进作用，这就是窖泥复刻技术。

新窖通常因为时间短，短期内很难酿出好酒，而窖泥复刻技术能够有效提升新窖质量，酿出来的酒基本上可以用于勾调特曲，第一次酿出来的酒就已经很好了。专家院士和行业专家品评的时候认为这项技术成功攻克了行业内新窖不能产好酒的技术难题，产出来的酒质经品评鉴定已经达到了具有 30 年窖龄的窖池酿出来的酒的品质和口感。

泸州老窖有传承，但在传承的基础上也要不断地创新，无论是产品生产还是文化传播，都在持续不断地创新。同时，也要围绕未来消费者的消费观点、个性、主张以及消费场景等方面做创新工作，一方面要传播白酒文化，另一方面要让中国未来的年轻人感受到，白酒虽然是一个传统而古老的行业，但观念、模式、思维一点也不保守，一直都在创新。

对中国白酒，我提了一个“五心”原则：不忘初心、坚守匠心、坚定信心、树立雄心、奉献爱心。

主持人：您还有一个身份是泸州老窖酒传统酿制技艺的第 22 代传承人，在非遗传承的这条路上您的感触是什么？

刘淼：泸州老窖一直在做传承工作。比如，泸州老窖酒的传统酿制技艺可以追溯到 1324 年，2006 年入选了首批国家非物质文化遗产代表作名录，而且在四川白酒的浓香型酒里面也是唯一入选的。泸州老窖的非遗工作是系统地总结经验，不守旧，不管是品牌，还是文化，或者是工艺、应用和生产方面，这些传承都在起作用，这种非遗的价值就更大了。

中国白酒应该在系统总结经验的基础上走出国门，走向世界。让世界品味中国白酒，是多方位地品味，不仅仅品味中国的酒，更要品味酒里的意境。

主持人： 在企业的发展过程中，您认为工人队伍以及工匠队伍主要起到了什么样的作用？

刘淼： 我们老窖一直重视整个人才队伍的建设。泸州老窖有师徒相带、口口相授的传统，每年都举办技能大赛，还要举行学徒拜师的仪式。工匠队伍的建设是为了泸州老窖更好地改革发展、跨越发展，他们是非常宝贵的源泉。我们用"五酿五有"的标准来培养产业工人。我是大学毕业分到老窖的，现在还有很多硕士研究生、博士研究生，在酿酒工人队伍里面占了很大的比例，而且他们也乐于酿酒。由于学历高、接受能力强，他们在传承的基础上分析问题、解决问题的能力也很强，这些对公司发展都有很大的提升。我们就让很多有理想、守信念、懂技术，同时会创新的这些人提升得更快。公司技师级以上的专业人才增幅达到了40%，专利孵化了70余项，论文发表了160多篇，获得的科技奖励等有20余项。

主持人： 在泸州老窖进行创新传承的同时，如何兼顾工匠精神的传承？

刘淼：对中国白酒，我提了一个“五心”原则。第一个是不忘初心，要肩负起中国白酒永续传承的责任；第二个是坚守匠心，要肩负起中国白酒的健康发展；第三个是坚定信心，要肩负起中国白酒实业兴邦的责任，为国家作贡献；第四个是树立雄心，要肩负起中国白酒走向世界的责任；第五个是奉献爱心，要肩负起中国白酒造福社会的责任，承担起环保、公益事业等方面的责任。这个“五心”原则都不约而同地把工匠精神放到里面——只有坚持工匠精神，才对得起“让中国白酒的质量看得见”这种信念。

贰

工匠说：我们的成长之路

大国工匠说

陈永伟

中广核核电运营有限公司

控制高级主任工程师

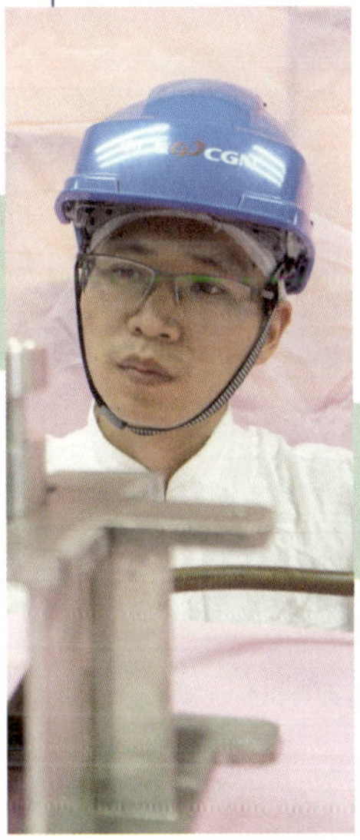

曹毅

航天科技集团八院

空间飞行器总装组组长

马宇

秦始皇帝陵博物院

文物修复师、副研究员

特约嘉宾 曹 毅 陈永伟 马 宇

主 持 人 林 珊

主持人：这里是访谈节目《工匠说·大国工匠专场》。强国建设，匠心铸就，从一枚螺丝钉的打磨到精确至毫米级的工艺，小环节里有大学问，也能够出大成果。每一项突破性技术的背后，都有着大国工匠们数十年如一日的、对于技能完美与极致的追求。今天，我们的直播间邀请到三位大国工匠，欢迎三位老师。

本次大会有两个关键词，一个是“大国工匠”，还有一个是“创新”。在三位看来，从“工人”到“工匠”，应该具备什么样的素质？如何才能成长为像各位一样的大国工匠呢？

曹毅：首先，大国工匠要执着专注、勇于创新。创新是源于对问题和挑战的发现。其实，发现问题比创新更难，所以在日常的工作中，要有敏锐的洞察力，善于发现问题，及时提出好的方法去解决它。其次，要勇于接受风险和失败。只有在失败中成长，不断创新、不断迭代，更新自己的工艺方法，才能把创新做得更有价值。最后，创新还需要持之以恒，要把创新养成一种习惯，习惯的积累和坚持是为创新提供更多的机会和资源。如果养成了创新习惯，在日常的工作中就会处处可创新、处处有创新。

陈永伟：随着时代的进步、科技的发展，工匠已被赋予了新意义，有一个新名词就叫创新型工匠。对工匠素质的要求有不变的部分，比如追求精益求精的品质精神，十年如一日打磨一项技术达到顶尖的层次；也有一些变的部分，就是对创新提出了一个更高的要求。就拿我的工作来说，我负责仪控系统的维护工作，一般来说间隔一年半就要进行机组的大修工作，在大修过程中可能遇到形形色色、千奇百怪的缺陷和异常情况，解决这些问题就要有一些创新和敢为人先的精神和品质。

马宇：工匠代表着一种做事的态度，做任何事情要专注、细心，特别是做文物修复，更要耐心、细心和虚心。如果没有最基础的知识、最基本的技能的话，就谈不上创新。在保护修复，和高校、研究院搞文物材料修复以及修复工具等方面要进行多学科的交流和创新。

> **在日常的工作中，要有敏锐的洞察力，善于发现问题，及时提出好的方法去解决它。**
>
> ——曹毅

主持人：曹大师，很多人都称呼您为“帆板王子”，这个称号背后有什么样的故事呢？

曹毅：1997 年，因为载人航天工程建设，我加入了航天工程建设的团队，从神舟一号第一套帆板开始总装。因为太阳能帆板是由多品种的零件组成的，没有任何经验可以借鉴，所以大家都是在摸索的过程中把它总装起来的。经过一个月的总装，第一套帆板终于在我们面前呈现出来了，具备了可以展开的状态。但是在展开试验时，这套帆板展开一半或者偏向一边的问题一直没法解决，持续了好多天。我们成立了一个攻关小组，把故障的原因梳理成一个故障树，从各种预案和原因上进行分析。我一边爬上架子观察帆板展开的状态，一边从下面爬到上面、再爬下来看测试的数据，从各种理论上分析原因，终于找到了第一套帆板展不开的原因和故障。经过大家一个月的奋战，第一套帆板的状态趋于稳定，能够完全展开了。1999 年 11 月 20 日，神舟一号飞船发射升空，当帆板展开成功，发射区场地广播“帆板展开正常”时，我的内心很激动，因为我所付出的努力得到了回报。

2002 年，神舟三号发射时，我们进入了发射基地，在飞船进入发射流程、帆板与飞船对接完成之后，突然由于其他部件的问题，发射指挥部下令要求把帆板拆除。但是，我们从来没有把已经具备发射状态的飞船帆板从飞船上拆下来的经验，这是一个倒逆流程。面对这个难题，我和设计人员、工艺人员紧急成立了一个攻关小组，把倒逆流程的工艺编制完全搞透彻，经过一个礼拜的不懈努力，终于把帆板从神舟三号飞船上拆下来，等整个故障排除后，又把帆板装了上去。3 月 25 日，神舟三号如期升空。发射区场地上又响起广播“帆板展开正常”时，不知道谁说了一句“曹毅就是‘帆板王子’”，这个称号就传开了。

主持人：陈大师，您在核电仪控的维修领域为产品的国产化作出了许多努力，在这个方面您有什么样的经验？

陈永伟：现在核电站国产化率的水平已经比较高了，达到了 90% 以上，这是一代代核电人积累的结果。我来分享其中我参与的一个案例。反应堆保护通道板卡是很重要的，它主要是保障核电技术的安全稳定运行，如果它出了问题，会影响整个核电机组的运行。它的备件是法国一家公司的产品，价格比较昂贵，供货周期非常长，即使我们下了单，可能要过两三年产品才能到手。2018 年，这家公司被美国的一家公司收购，而美国很多科技公司限制产品出口中国，这个备件就不卖给我们了。如果没有备件，一旦出现问题就没有替换

产品，对核电机组的影响还是比较大的。

面对这种“卡脖子”的问题，我们就开始了国产化之路。其实，当时我们也不确定真正能做到什么程度，此项技术还是一张白纸。从电路图的设计、绘制，到元器件的筛选、选型，再到板卡的焊接、组装，包括核级鉴定、测试、验证，整个流程非常长，也很复杂，但是最终全部自主完成。令人欣喜的是，截至 2022 年，我们完成了 34 大类的 BJ2000 系列自主化组合式仪表的生产，其中有 300 块板件已经应用于核电机组了。两年时间的应用跟验证也证明了它的可靠性和稳定性，证明了这个国产化之路是成功的。这件事给了我们非常多的启迪，国外能做的，我们只要下定决心去做，也一定能够做成。

主持人：马大师，作为文物修复师，您的日常工作是和各种各样的文物打交道，在您的巧手之下很多文物都获得了第二次生命。其中，您遇到的比较难忘的事情是什么？

马宇：文物是国家的象征、民族的记忆。习近平总书记说过，兵马俑是我们中华民族的精神标识。能参与到兵马俑的修复工作中，是我的荣幸，而且我有幸参与了整个秦陵不同时段的发掘实践。在 20 世纪 90 年代，我参与了水禽坑、石铠甲坑、百戏俑坑的发掘工作。说一个有关水禽坑的比较难忘的事情。2000 年 6 月，我们发掘了一个 800 多平方米的水禽坑，当时出土了 46 件姿态各异的水禽青铜器，包括 20 件凫雁、20 件天鹅、6 件仙鹤。这 46 件青铜器完全是根据真实的原大的动物比例塑造出来的。我修复了 2 件仙鹤，有 1 件仙鹤用了一年的时间才完成了修复工作。为什么会用这么长的时间呢？一是因为我们要把古人的智慧记录下来，比较耗时间；二是因为我在修复工程中，要把每一个方法、每一种材料都记录下来，包括用了哪些手段和技术，也都要记录下来。

第一次发掘百戏俑是在 1999 年。2012 年，我们有正式的批复文件之后，才正式地发掘这一批百戏俑，这在学术界比较轰动。百戏俑改变了西方对中国传统雕塑的认知，它是写实的创作，是为了表现秦代的宫廷娱乐活动的一种俑。这种俑是裸着的，只穿短裙或者短裤，完全再现了人体结构的美。在做这个坑的保护和修复过程中，我们了解到秦人的智慧。每一件俑，是来自全国不同的大师或者工匠做的，其制作方法也不一样，是2000多年前中国人的智慧结晶。

> **你生活、工作中痛苦的地方，就是创新的来源。比如一个困难的点，不要把它单纯看成一个困难，其实背后蕴含的是机会和创新的元素。**
>
> ——陈永伟

主持人： 曹大师，您多年来经手制造的产品合格率达到了100%，您是如何做到这一点的？

曹毅： 多年来，我一直坚持一个信念：没有最好，只有更好。所以，每一次的太阳帆板总装我都是当作第一次来总装，从零开始，不管前面经历了多少次的成功，我还是要在后面一次的帆板总装中不断创新总结；把前面的问题和自己感觉在总装或者试验中有不满意的地方，在后面的产品中迭代改进。这样不断地创新就是为了一个目的——保证太阳帆板的稳定性更加可靠，保证飞船上天后太阳帆板能够一次展开成功。

主持人： 陈老师，在大家的印象当中，在核电站工作的技术人员一定都是十分严谨的，因为任何的小细节都不能够疏忽，稍有不慎就有可能造成不可估量的后果。您作为大国工匠，如何看待这份工作？

陈永伟： 我们这个行业本身有它的特殊性，兼顾的是国家的安全。核安全是国家安全的重要组成部分，我们有使命守护好核安全。就拿我的工作来说，仪控系统在核电站常被人比作一个人的中枢神经。在这个工艺系统上，我们一台核电机组大概装了一万台仪表，有温度的、压力的、流量的、液位的、振动的，等等。它就像人的神经末梢一样可以感知核电站的一些参数信号的变化。就像人的手可以感知冷、热、粗糙、光滑，效果是一样的。分布在各个区域的传感器，通过仪控系统把数据汇集起来，送到主控室进行监测和控制，以此来达到核电机组安全稳定的运行。所以说，仪控系统在核电机组中很敏感，也很重要。我就像神经科医生一样，保证这些设备安全可靠地稳定运行。在工作过程中，我必须非常严谨细致，对于出现的任何问题，都是保持不放过的态度。

同时，我觉得创新也很重要。核电站的工作并不是一成不变的，其实也在追求创新。你生活、工作中痛苦的地方，就是创新的来源。比如一个困难的点，不要把它单纯看成一个困难，其实背后蕴含的是机会和创新的元素。如果你解决了它，那就是一个创新的技术和想法。很多工作看起来很麻烦，比如以前一个工作可能需要半个小时做完，那我就开发一个工具，只要三分钟就可

以做完这个工作。这是来自工作中的一些“点”。其实创新无处不在，换一种思路和想法，就可以迸发出无穷的创新活力，让现场的生产方式变得更高效一些。

主持人：马老师，这些年您一直在文物修复的领域不断深耕，从某种意义上讲，这也是今天的工匠和过去的工匠的深度对话。这份工作对您而言，最大的收获是什么？

马宇：最大的收获应该是了解到古人的智慧。特别是在 2014 年，我们团队在清理四号俑时，发现这个四号俑身上有古人留下的一个很清晰的指纹痕迹，这就是今天的工匠和 2000 多年前的工匠之间直接的对话。因为指纹的数量很少，统计学里面要大量的指纹数据才可以做分析。我们已经和西安的司法鉴定中心合作，通过指纹可以判断得到的信息是性别、年龄、民族。我们收集的指纹不多，因为古人在做器物时用的材料是泥巴，可能会无意间留下指纹，他不是有意而为之的。但是，真正有信息的指纹不是很多。

一件文物承载了千百年来艺术家和匠师的心血和智慧，我们要凭自己的良心把这个工作做好。因为文物是不可再生的，损坏了就没有办法弥补回来。我经常说，文物修复过程中不正确的操作对文物的损坏，远远大于它自然的损坏。如果这个文物把它放在原地，不去发掘，这是最好的保护。一旦发掘了，要用正确的方法去操作和处理，才能把人家的东西很好地保存下来。如果方法不正确，这样的损坏是对它最大的破坏。我们还有一个称呼叫“文物医生”。因为文物跟人是一样的，它的环境不一样，它所得的病就不一样。每一个墓葬里面微小的环境，使得它的病变也是不一样的。所以，文物修复现在是一个多学科交叉合作的专业，要把很多学科联系起来，它就是艺术家的素养、科学家的头脑，还有大国工匠的精神三者相融合。文物修复师要让这些历史瑰宝尘封尽扫、重现光华，可谓任重道远。

一件文物承载了千百年来艺术家和匠师的心血和智慧，我们要凭自己的良心把这个工作做好。

——马宇

主持人：最后，请三位老师谈一谈对于未来的期许，或者说有什么样的目标和计划。

曹毅：作为一名航天的一线技能人员、载人航天工程的参与者，我还要不断地提升自己的技能技艺，发挥工匠的引领作用，提高自己保成功、保质量的能力，为后续空间站每次任务的圆满完成作出自己的贡献。后续新的任务，也是一种新的挑战和机遇，还得持续不断地创新和改革，开拓飞行器总装的技术空间，为国家重点工程保驾护航，用工匠精神支撑航天报国理想，为制造强国、航天强国的建设作出贡献。国家航天事业的未来是属于年轻人的，我也要认真总结自己的经验和成果，形成教案、教具，以传帮带的方式，快速地让年轻人成长起来，让他们把工匠精神传递下去，把创新也传递下去，为航天事业培养出更多的高技能人才。

陈永伟：在核电现场还是有很多的困难点、麻烦点、烦恼点，我希望用更多先进的技术、创新的方法，去解决生产中的难点、痛点，打造核电先进的运维技术，让现场生产方式更智能、更高效、更经济，也更安全。同时，保障核电机组的安全稳定运行，守护好安全。我希望等到我退休的时候就没有高风险的作业了，变成智能作业的方式，比如点一下鼠标，整个检修就能完成，能达到这样的状态，这是我的目标，也是我努力的方向。

马宇：我们生活在一个很好的环境下，党和国家对文物保护特别重视，希望更多的年轻人用敬畏之心看待文物、保护文物。

>> 巾帼工匠说

韩利萍

山西航天清华装备有限责任公司

数控铣工

黄金娟

国网浙江省电力有限公司

高级技师

刘丽

中国石油大庆油田有限责任公司

第二采油厂采油班长

特约嘉宾 刘 丽 韩利萍 黄金娟

主 持 人 林 珊

主持人：这里是访谈节目《工匠说·巾帼工匠专场》。巾帼不让须眉，伟大出自平凡。从大国重器到大国工程，从轨道交通到工程器械，无不凝结着包括巾帼工匠在内的广大技术工人的心血、汗水和智慧。所谓“巾帼有为，芳华尽展”，在她们的身上同样蕴藏着巨大的创新活力和创造潜能，以及心细如发、心灵手巧、吃苦耐劳等特点。今天，我们邀请到三位巾帼工匠做客直播间，欢迎三位嘉宾的到来。

请三位嘉宾介绍一下自己目前所在的行业领域以及主要负责的工作内容。

刘丽：我来自大庆油田，主要工作是围绕油气生产的设备做各种操作、维护和保养。同时，我还在管理刘丽劳模创新工作室，主要针对生产中的各种生产难题进行攻关。

韩利萍：我是来自中国航天科技集团的数控铣工。火箭发射基地的发射平台是我们企业生产的，我的工作就是做火箭发射平台关键零部件的数控加工。

黄金娟：我来自国网浙江省电力有限公司营销服务中心，长期从事电能表检验工作。

> **我们女性还有很重要的特点，就是特别有包容心，特别坚韧，这也能促进我们把工作做得更好，这样的专业工作能把新时代女性的这种优势放到最大。**
>
> ——刘丽

主持人：在三位老师看来，与男性相比，女性从事这份工作的优势是什么，劣势又是什么？

刘丽：先说一下劣势吧。我们油气生产单位所有的工作都是在野外一线进行操作，这使得女员工面临各种恶劣的气候条件。而且，我们管理的是很大、很重的机械设备，女员工体力不足也是工作中的劣势。但是，我们还有自己的优势，比如细致、耐心、精益求精的特点，因为工作重心实际上是在地下，需要各种数据的录取、资料的分析，女员工能更准确地分析数据、摸脉地下的生产状况。我们女性还有很重要的特点，就是特别有包容心，特别坚韧，这也能促进我们把工作做得更好，这样的专业工作能把新时代女性的这种优势放到最大。

韩利萍：我所在的行业主要是机械加工。机械加工以男性居多，车间有160个职工，真正从事一线岗位的女性不超过10个。在传统加工业中，女性在体力上是有劣势的，但是在传统制造向数字制造转型的时期，从我个人的成长经历包括我能有今天这样的成绩，说明女性在这个岗位上一样可以出彩。随着人工智能赋能制造业，我觉得女性在这方面大有可为，刚才刘老师也介绍，女性的细致、耐心、有韧性，其实在很多的精密制造领域更具优势。

黄金娟：我从事的是电能表检验工作，这是一份实验室的工作。实验室的女性比较多，女性最大的优势就是细致、有韧性，特别符合这项工作的特质。因为电能表是贸易结算的计量器具，检验结果的准确性事关千家万户。它像一杆秤，一端连着老百姓，一端连着国家，所以这份工作要求我们得特别仔细、特别精准。而且，在实验的工作过程中往往需要相互合作，女性更具有沟通协调的能力，对于开展工作非常有帮助。还有一个优势是综合分析的能力，大量的数据一旦出现问题，女员工精准分析、处理的能力很强。但是，女性也有弱势的地方，就是身体力量，所以在搬运等长期重复性、机械性的劳动方面会处于弱势地位。

我工作了 32 年，恰好经历并见证了中国载人航天工程 30 年发展的全过程。航天精神有四个特别：特别能吃苦，特别能战斗，特别能攻关，特别能奉献。

——韩利萍

主持人：三位老师在各自岗位上都工作了很多年，在你们的从业生涯中，肯定遇到过很多高难度的、具有挑战性的任务。其中，让你们印象最深刻的、感觉难度挑战最大的是什么？

刘丽：跟大家简单讲一个我们的初心故事。创新从来不是一蹴而就的，而是真刀实枪的体力活儿，也真的是特别熬心血的活儿，在创新过程中会遇到很多困难。有一次，我们在做一个井口装置时就遇到了前所未有的困难。当时，我们针对这个问题进行了全新的设计，在设计过程中突破了很多困难。但在加工过程中遇到了前所未有的困难，寻找了很多加工途径、加工厂家，都实现不了这个设计。那时我心里特别着急，在油田装备制造集团的帮助下，我们单位突破了各种机制上的限制，专门配置了专业的技术人员，一起齐心协力完成了加工工作，实现了全新的设计，加工出此前连想象都实现不了的控制装置。在它的后期认证上也有很多困难，也是油田的各级部门帮助我们一起完成了一系列的认证，实现了创新突破，取得了特别好的成果。

韩利萍：2023 年是我职业生涯的第 32 年。中国的航天载人事业实现了从无到有、从小到大、从弱到强的过程，最主要的是在 2022 年底完成了中国人自己的空间站。在这个过程中，让我印象最深刻的是长征七号火箭发射平台的研制。当时在生产过程中，最大的一个难题是这个平台有 4 万多个零件，控制火箭发射平台调频精度的一个关键零件叫四通均流阀，这个零件有 4 个通道，用来均匀流量。航天产品有一个特点，就是只有 100 分和 0 分，没有 99 分，对质量要求非常严苛。在研制阶段，零件的合格率仅为 20%。在攻关过程中，它的难点主要在于内部的结构，外面看的可能都是孔，而内部结构有几十种孔隙复杂交错，这都是机加的难点。所以对工艺安排的要求是非常严格的。

另外，在孔加工过程中，长径比超过 1∶10 的就是难加工零件，孔径和孔深超过 1∶10，这个产品就失败了。很多这样的孔最大的问题是会变形，因为加工的常态就是孔口合适了，孔底还不够。在 10 毫米之内，想实现微米级是可以的，但是产品长度增加了，它的难度就增大了。因为力的作用是相对的，刀具在切削的过程中，你给它一个力，它要有一个反弹力，刀具的旋深长了，一方面它要磨损，另一方面它要弹性，工艺系统的刚性弱，它就弯了。所以反映到工件零件上面就是不合格。这是困扰我们最大的问题。航天产品需要确保零缺陷，即百分之百的合格率。大概经历了三个多月的艰苦攻关过程，最终实现了阀体类零件加工的五步操作法。我们多次 24 小时连轴转地工作，因为精密机床在加工时需要一个热平衡，机床开了之后如果中间休息，它又是一个热

胀冷缩的过程，就会影响重复定位精度。所以，那时一旦开机就不能停，得连续一口气干下来。2016 年 6 月 25 日，当长征七号首飞成功时，我们在电视机前热泪盈眶，非常激动，所有的付出和努力都是值得的。

黄金娟：一路走来，确实遇到过很多困难，特别是在研发智能化检验系统的过程中，很艰辛，也具挑战性。当时我们找合作伙伴，在全国范围内没找到。这个项目从 2007 年提出想法，历经 11 年，团队首创了电能表智能化检定系统，从人工到智能化的效率提升了近 120 倍，人员精简了 96.7%，检定率从 98% 提高到 100%，实现了由人工向智能化的变革。我们的成果基本实现了我国电能表的检定检测领域智能自动化，并且还延伸应用于水表、气表等性能检测领域，同时也推广到丹麦、韩国、马来西亚等十余个国家。目前正在积极努力申请 IEC 国际标准。这项标准于 2020 年 10 月成功立项，这是中国人在电能测量与控制领域第一次成功立项，第一次由中国人牵头制定标准，目前已完成了标准的最终草案，正在积极推动国际标准的发布。我的感受就是这么多年虽然很艰辛，但是信心与坚持很重要，是攻关克难的关键。

> **要通过不断的学习来积累力量，用创新的思维去发现问题、解决问题，一旦认定方向就要坚持到底。**
>
> ——黄金娟

主持人：刘丽老师，您参加工作的 30 年来，始终扎根采油生产一线，致力于用创新来解决生产过程中各种各样的问题，个人累计的研发成果更是超 200 项。您的这些创新思路究竟是从哪儿来的？

刘丽：能有这么多的研发成果，得益于有特别好的平台和机会。这些平台和机会不仅是对我个人来说，而是大庆油田所有的一线员工们都能享受到的。我们有特别好的机制保障和氛围搭建，还有很多的平台和机会，比如像我们这样的工作室，整个油田集团就有将近 100 家，大家都通过团队合作进行各种技术攻关。比如，我们工作室在油田单位中最先运用了 3D 打印技术，3D 打印技术并不新鲜，但是用在基层员工的技术革新上就很少见。而且，我们是在 2017 年就运用这个技术，大大地助力了研发工作，不仅提高了研发速度，也降低了研发成本。除了 3D 打印，还有各种机制保障，让我们运用各种先进的机加设备和设计手段，这样就使很多的创新爱好者、创新能手研发出很多的成果。

还有一些特别好的实践机会。比如，我们每年面向油田的各个生产领域征集难题，把眼光从自己的生产单位跳出去，覆盖到整个油田系统，能接收到很多难题的信息。这些难题就是创新灵感的来源。有了这些灵感来源后就选定课题，参加工会的难题揭榜活动和劳动竞赛活动。我们和研究院、设计院、工程院合作，搭建了“红工衣”与“白大褂”的合作。“红工衣”是一线的操作工人，“白大褂”是专业的技术人员。这样的创新不仅有了现场生产实践的基础，最关键的是有了更高的技术含量。油田成千上万的创新人员一起做研发，促使成果的数量和质量都有很大的提升。

主持人：韩老师，听很多人都称呼您为“火箭发射平台的微雕师”。您的许多创新技术为航天重点型号的产品提供了非常稳定的质量保障。究竟是什么原因能够让您保持这样一种持续创新、一次次攻克难题的状态，您的动力在哪里呢？

韩利萍：我觉得是源于热爱。作为一名航天人，我感觉非常骄傲和自豪。中国航天是最能激发民族自豪感的一份事业。我们一家三代人都是航天人。我工作了 32 年，恰好经历并见证了中国载人航天工程 30 年发展的全过程。航天精神有四个特别：特别能吃苦，特别能战斗，特别能攻关，特别能奉献。这种精神贯穿了我的整个职业生涯，这也是千千万万航天人的意愿，是这份事业支撑我们遇到瓶颈问题勇于突破。习近平总书记在首个航天日充分肯定了技能工人的作用。技术人才队伍是支撑中国制造、中国创造的重要力量。党的二十大也提出了高质量发展的要求，把人才强国、技能人才纳入了国家人才强国战略。一代人有一代人的担当，我们生逢盛世，有这么好的发展环境，技能报国是这代人的使命担当。

主持人：黄老师，一个普通的蓝领工人能够成长为像您一样的技能专家需要具备怎样的素质呢？

黄金娟：一路走来，我总结了这么几个词：技能、创新、坚守、感恩。要通过不断的学习来积累力量，用创新的思维去发现问题、解决问题，一旦认定方向就要坚持到底。岗位创新离不开单位的支持、团队的帮助，只有这样我们的路才能越走越宽、越走越远。

主持人：接下来，我想请三位老师对广大女性劳动者简单地说几句话。

刘丽：作为一名女性，有自己的事业，能参与到伟大祖国的建设中，真的是我们的光荣。我们赶上了好的时代，这是人生中最值得庆幸的事，应该好好

珍惜时光、珍惜人生，有幸福的家庭，有灿烂的事业，让一生绽放巾帼芳华。

韩利萍：岗位虽然平凡，人生却一样可以出彩，在匠心筑梦、技能报国的征程中，应该有女性亮丽的一道色彩。一个人有技术，自己有前途；一群人有技术，企业有前途；一代人有技术，国家就会有前途。

黄金娟：工作本身不分男女，没有区别，只有全力以赴，女性的价值才能够更好地体现出来。

劳动模范说

吴继农

中石化江汉油田
分公司采油气工
程技术服务中心
首席技师

寇启芳

宁夏红寺堡区
天源农牧业科
技开发有限公
司总经理

邱明辉

中建钢构江苏
有限公司焊培
中心主任

齐嵩宇

中国第一汽车
股份有限公司
首席技能大师

特约嘉宾 吴继农 邱明辉 寇启芳 齐嵩宇

主 持 人 林 珊

主持人： 这里是访谈节目《工匠说·劳动模范专场》。欢迎四位嘉宾做客直播间。邱主任和吴大师是“全国五一劳动奖章”获得者，寇大姐和齐大师是全国劳动模范，这些沉甸甸的荣誉正是对几位多年来在工作中所取得的成绩的褒奖和认可。

随着时代的发展，劳模群体的年龄结构在变，工作方式在变，但是劳模的精神内涵是永远不会变的，劳模的传承和坚守更是不会改变的。请四位嘉宾谈谈对于劳模精神的理解。

邱明辉： 我出生在农村，农民朋友能够把粮食种得比别人的产量高，然后把这个经验传授给更多的农民让大家一起增产，这就是一种劳模精神。作为一名焊工，我能够把自己的手艺学好，把自己的经验传授给别人，让公司提高生产效率，为国家作出一定贡献，这也是一种劳模精神。很多技能大师，比如说钳工，在加工一个东西时把这个东西加工到极致，追求完美，再把自己的经验传授给更多的人，起到传帮带的作用，为国家发展贡献自己的力量，这更是一种劳模精神。

吴继农： 我是一名石油从业者，是听着《我为祖国献石油》歌曲长大的。我对劳模精神的理解主要有三点：第一点是坚定理想信念，时刻听党话、跟党走。第二点是要有为油田奉献的精神。江汉油田从年产 100 万吨油气当量的小油田逐渐发展到现在 700 万吨的大油田，是因为有老一辈石油人默默奉献的精神，他们唱着《我为祖国献石油》，本着哪里有石油哪里就有奉献的精神，把油田发展到现在千万吨级的大油田。我们将牢记习近平总书记的嘱托，端牢能源饭碗，继续在能源事业上再立新功、再创佳绩。第三点是要干一行爱一行，时刻做一个有准备的人。

寇启芳： 我对劳模精神的理解就是，踏踏实实、持之以恒地干好每一件事，把自己所从事的专业干精、干专，为社会、为人民多作奉献，带来更高的经济效益。

齐嵩宇：我来自中国一汽，我认为劳模精神是一种融合的精神——踏实肯干的“黄牛”精神、扎根基层的“钉子”精神，以及精益求精、追求卓越精神的融合体。中国一汽已经建厂70周年，在67年前，中国一汽生产了第一辆解放牌卡车，助力了国家的发展；在65年前，红旗品牌的第一辆豪华高级轿车诞生，企业只用了33天就把它制造出来了，向全世界宣布中国制造业的一个新高度。新时代的劳模精神，更应该是围绕智能化的创新精神的体现。

> **作为一名焊工，我能够把自己的手艺学好，把自己的经验传授给别人，让公司提高生产效率，为国家作出一定贡献，这也是一种劳模精神。**
>
> ——邱明辉

主持人：邱主任，您是业内闻名的建筑“钢铁侠”。这个称谓的背后，您一定付出了很多。让您比较难忘的一段工作经历是什么？

邱明辉：2010年，我进入中建钢构江苏有限公司成为一名焊工。我第一次参加比赛就拿到了个人单项第五名的成绩，后来成为焊接中心主任，负责一些创新工作。2022年，我们围绕免清根的焊接技术进行创新。比如，钢板需要开一个坡口，再进行焊接，焊接完之后翻过身再来气爆，然后再进行焊接。我去年创新的这个工艺就是正面用氩弧焊来焊，翻过身来不用气爆，也不用任何处理，就是用氩弧焊来焊。这样两道工序就能完成操作，节约了开坡口的填充工序，适用于20毫米以内的板对接。我们还围绕智能制造做了一些攻关项目，比如机器人在钢结构方面也逐步解决了一些梯形接头。大部分的钢构件形状不规则，要编程的话还得花很长的时间，我们就跟相关的机器人厂家进行合作，让机器人具备视觉识别功能，能够知道焊缝在哪儿，然后来进行焊接。这个技术达到了国家先进水平。

主持人：吴大师，2010 年就已经成立了以您的名字命名的劳模创新工作室，请您分享一下在工作室当中发生的关于创新以及传承的故事。

吴继农：我们创新工作室成立有 13 年了，从最初的 3 个人发展到现在 35 名技术骨干、200 多人的创新团队，一路走来非常不容易。特别感谢湖北省总工会以及江汉油田工会对创新工作室的关心和支持。比如，江汉油田每年举办“劳模故事会”，对精神传承起到了很大的激励作用。我有个徒弟叫郑俊才，是创新工作室成立后收的第一个徒弟。他听了“劳模故事会”后，感受到劳模创新路上的艰辛和不易，很受触动。当时他已经是中石化井下作业工的金牌选手，在自己的岗位上很有建树。但是，他觉得对于创新的理解还需要提高，所以就到工作室专门拜我为师。通过传承，我指导他从一个金牌选手逐渐成长为湖北省的技术能手。江汉油田每年举办的“工匠杯创新创效大赛”，也让年轻人感到创新工作室是一个成长的平台，可以让他们的创新成果有具体体现：一

个是对他成果的承认，另一个是对其本人有正向的激励作用。

> **年轻人感到创新工作室是一个成长的平台，可以让他们的创新成果有具体体现：一个是对他成果的承认，另一个是对其本人有正向的激励作用。**
>
> ——吴继农

主持人：寇大姐有一个雅号叫“滩羊妈妈”，是什么原因让您在畜牧业领域坚持了十几年？在工作中，您是如何不断研究创新的呢？

寇启芳：我是一名下岗职工，2003年下岗后，到了宁夏吴忠红寺堡扶贫开发移民区。当时，这个地方到处都是荒漠、荒滩。我去了以后就开办了一个养殖场。滩羊是宁夏的当家产品、名牌产品。当时为啥滩羊养不住？老百姓觉得它有很多生理缺陷，比如慢长、单羔、大角、大尾巴，导致养殖成本高。为了把宁夏滩羊的品种保住，从2010年起，我开始培育滩羊新品种，把它的生理缺陷规避掉，培育成能带来经济效益的、有本品种血液的羊，这就把滩羊的品种保住了。我们的口号叫“一不变四变”：培育的品种叫滩羊的九道弯，滩羊的品种不变就是九道弯不变。四变就是把长得慢的变成长得快的，过去老品种一岁的时候是50~60公斤毛重，现在新品种一岁的时候是80~90公斤毛重；通过分子细胞育种的方法，过去下单羔，100只羊只有3只羊下双羔，现在100只羊有近80只羊下双羔；把滩羊的大角去掉，这样就能减少蛋白的消耗；把大尾巴的羊尾油变成小尾巴。这样培育的滩羊新品种，是一项科研成果。

另一项科研成果就是如何提高肉质。我们通过营养调控让脂肪重新分配，把背膘、尾脂和皮下这些脂肪转移到瘦肉里边，把前腿肉的脂肪细胞转移到组织和细胞之间或者是肌肉和肌腱之间，这样的肉营养更丰富。在饲养的过程中添加氨基酸、维生素，氨基酸含量高，口感特别好。通过实践，我把雪花滩羊肉培育出来，把科研成果转化到老百姓家，让他们在养滩羊的过程中获得更高的收入，老百姓都养，才能把滩羊的品种保持下去。

主持人：齐大师作为红旗首席的技能大师，参加工作29年来获得了33项发明专利，被誉为“工人发明家”。不仅如此，您还自学掌握了特种焊接计算机、单片机等各种技能。您是如何成为擅长发明而且是多技能融合的技能专家的？

齐嵩宇：29年来，我经历了很多岗位。中国一汽向来培养的就是融合型的工匠。汽车作为全世界评价一个国家的制造能力水平的标杆性行业，需要广泛的工艺。一辆汽车有一万多个零件，零件组装一环扣一环，如果一个工匠只了解自己本环节内的技术，很难完成整体发展。汽车一共有六个领域，研发领域、冲焊涂总的四个制造领域，以及销售领域。这六个领域，我都做过工作。在研发领域，我带着团队做了自主研发的智能化座舱，座舱是在汽车研发过程中对软件调整最关键性的一个技术，做得越好，在硬件研发的过程当中软件就可以优先调试出来，至少能调试到90%以上；在冲压领域，我做了国内自主研发的第一个全铝合金副车架；在焊接领域，电阻点焊工艺质量自动监控技术获得了国家科学技术进步奖；在涂装领域，我带着团队做了镜面漆的工艺；在总装领域，用470多台机器做到了无人化物流系统，把智能化系统融入生产中；在销售领域，我还做过三个月的销售培训。

在中国一汽，像我这样的人很多，很多大国工匠就是这样成长起来的。比如我是做钳工的，也做模具，在模修等一系列包括零件的生产过程中技术能够得到积淀。复合型工匠使中国一汽快速成长。刚才说，我们用33天造了第一辆红旗汽车，那是一个奇迹。最近5年我们又创造了另一个奇迹。2017年，红旗产量还不高，但现在红旗品牌的产销量已经翻了65倍。这在全世界企业领域里也是非常可观的成绩。我们一直深耕智能化无人驾驶技术和新能源化技术，把所有工匠包括研发团队，全都放在这个领域里面去生产自主创新的新能源、智能化的车辆。所以，我们红旗产销量才有了突飞猛进的增长。我们所有的工匠、劳模，都是融合了很多技术、工艺于一身的人才，也正是他们一直以来的学习精神，不断地增加自己的技能，为国家作出了更多贡献。

> **我对劳模精神的理解就是，踏踏实实、持之以恒地干好每一件事，把自己所从事的专业干精、干专，为社会、为人民多作奉献。**
>
> ——寇启芳

主持人：在本次大会上，有什么给四位留下了深刻的印象？对于你们而言，此行最大的收获是什么？

邱明辉：首先，特别感谢中华全国总工会提供一个这么好的学习和交流平台，让我看到，这么多的大国工匠在自己的岗位上创造了不平凡的业绩，为国家作出了重大的贡献。我在他们身上学到了执着专注、精益求精、一丝不苟的

精神。回去之后，我一定要挖掘工作和生活中的创新点，为企业、为国家发展贡献自己的力量。

吴继农：我最大的收获有两点。第一点是开心，非常感谢中华全国总工会为技能工人搭建了展示交流技艺和成果的平台。湖北省总工会推荐我的一项创新成果参加了这次创新成果交流大会的展出。作为技能工人，能在这么高的舞台上展示自己的创新成果，这一点是让我感到最开心的。第二点是差距，我看到了现在许多地方的创新成果正在往智能化、信息化方向发展，这一点也是值得我学习的地方。我们回去以后，也将带着展会的先进成果继续努力。

寇启芳：这次我来到这里很开心，这次大会的规模、规格都比较盛大，中华全国总工会的服务平台也特别好，让我们西北区的职工来展示科研成果。我们所做的科研成果能让更多的人了解、知道，这就是最开心的。

齐嵩宇：我怀着非常激动的心情来参加这次大会。这次大会是中华全国总工会把国家科学技术进步奖获得者集合得最齐的一次。在这次大会上，我认识了很多工匠，随着我们互相加深了解、建立联系，为后期进一步交流、深入地方进行学习提供了一个很好的机会。我们不断地积累更多的技术技能，广泛交流培养培训的经验，为国家培育出更多的大国工匠。

> **劳模精神是一种融合的精神——踏实肯干的“黄牛”精神、扎根基层的“钉子”精神，以及精益求精、追求卓越精神的融合体。**
>
> ——齐嵩宇

主持人：在第二届大国工匠创新交流大会暨大国工匠论坛平台上，四位嘉宾想对年青一代产业工人说些什么？

邱明辉：年轻人一定要坚定自己的信念，做到干一行、爱一行，然后持之以恒地把这个事情做好，追求完美与极致。我相信在不久的将来，你一定是行业中那颗最闪耀的星。

吴继农：年轻人要有理想、有梦想，只要朝着自己的理想迈进，就一定能够实现它。同时，希望大国工匠创新交流大会越办越好，让技能工人有持续展示的舞台。我们要牢记习近平总书记的嘱托，勤学苦练，深入钻研，勇于创新，敢为人先，在创新的道路上再创佳绩。

寇启芳：年轻人要有理想、有梦想，要踏踏实实、努力地向自己的梦想迈进。他们后浪推前浪，肯定比我们这一代有更精彩的地方。

齐嵩宇：希望年轻人多坚守自己的初心，要不断地学习，学习是一个人终身最大的幸福；不断地坚持创新，创新是对新事物的增产。在创新的道路上一定是有坎坷的，但大家只要坚持住，不断地转变自己的方案，就一定会成功。这也是我这些年的经验，希望能给大家提供一些帮助。

创新能手说

张文斌

中国北方稀土（集团）高科技股份有限公司

冶炼分公司稀土化工操作工首席技能大师

张晓琴

国网江苏省电力有限公司

电力科学研究院油气检测专职

徐立平

中国航天科技集团有限公司第四研究院

7416 厂固体火箭发动机药面整形工程师

特约嘉宾 徐立平 张文斌 张晓琴

主 持 人 林 珊

主持人：这里是访谈节目《工匠说·创新能手专场》。2023年2月对全国职工队伍状况的最新调查情况显示，产业工人的队伍在不断地发展壮大，产业工人的平均年龄是38.29岁，而具备工匠精神的优秀技术工人作为产业工人的优秀代表，更是站在时代的潮头，创造着一个又一个的奇迹。欢迎三位嘉宾做客直播间，他们是"第七届全国职工优秀技术创新成果一等成果"获得者。

对于本次大会上所展示的1200多项来自一线职工的创新成果，有哪一些让你们觉得印象深刻？

徐立平：第一个印象深刻的是"深海一号"钻井平台。我看过钻井平台的实物，在现场能够充分感受到大国重器的气势磅礴。第二个是高凤林技能大师创新工作室展示的液体火箭发动机。这个发动机的结构非常复杂，里边含有的零部件非常多。航天产品一直对质量要求非常高，这些产品都是航天工匠们精工细作做出来的。正是航天大国工匠们精益求精地不断制造出产品，才使我国航天事业得以快速发展。

张文斌：中华全国总工会展区里有一个非常醒目的大国重器，是中国"焊王"高凤林焊的火箭发动机。这个火箭发动机可以应用到"天宫一号"空间站和"嫦娥五号"，把这些大国重器送上天。还有一个是内蒙古展区，展示了中国科技航天科工的洪海涛大国工匠做的火箭和导弹的精密部件。他是一个车工，在车精密部件岗位。这两个大国重器一个是把我们最亲的人送上蓝天的，一个是把我们的对手拒之于国门之外的，影响非常深远，也是我们学习的楷模。

张晓琴：无论是特高压电网，还是四川的白鹤滩水电工程，包括C919大飞机、复兴号高铁，再到深海深潜、载人航天，其实这些大国重器都凝聚了技能工人、大国工匠的心血，体现出大家奋斗在一线所取得的成就。另外，包括涉及衣食住行，比如茶艺、纺织品以及国药等医用品，都给我留下了深刻印象。我最大的感受就是大国工匠、技能工人的身影体现在方方面面。其实，国家和人民需要的地方，就是技能工人努力的方向。通过这次学习，我也坚定了自己技能报国的决心。只要在自己的专业上肯努力、肯钻研，就一定可以取得回馈社会、报效祖国的好成果。

> **我国作为一个全产业链的国家，每个工种在产业链工作中都发挥了不可或缺的作用。**
>
> ——徐立平

主持人：请三位嘉宾介绍一下你们带到这次大会现场的创新成果。

徐立平：我带来的成果名称叫固体火箭发动机的先进装药和整形技术。这个项目实现了固体发动机高安全、高效率、高精密的装药和整形。目前，这项技术已经成功应用于长征二号F火箭逃逸塔，也就是载人飞船的火箭，还应用于长征十一号、长六甲等运载火箭的固体发动机的研制过程当中。

张文斌：我这次带来的项目是万吨级轻稀土碳酸盐连续化生产工艺及产业化。这个项目所涉及的是稀土、冶金行业，它解决了一个很大的技术难题，即连续化碳酸盐生产从溶液净化到连续沉淀，到再现浓密，到连续固液分离等整个生产线的技术提升。它填补了我国轻稀土碳酸盐连续化生产工艺的一个空白，推进了稀土冶金行业的进步和发展。

张晓琴：我这次带来的成果名称是高温室效应气体六氟化硫减排技术及应用。其实，六氟化硫是电力设备里面通用的一种绝缘介质，目前在国内外35～1000千伏的电力设备中都是有广泛的应用的。它的作用就是将其充在电力设备的内部，来保护电力设备在高电压下可以安全运行。它是将电力能源输送至千家万户的保护器。六氟化硫的性能非常优越，很适合在电力设备上使用。但是，它的温室效应很强，据统计是二氧化碳的23000多倍，所以做好六氟化硫的减排，对保护生态环境，包括落实国家的“双碳”战略都是至关重要的。我们这个项目对原来六氟化硫减排存在的检测、回收、管控三个方面的难题，开展了针对性的创新，并且全面促进了全球的六氟化硫减排。我们的成果推广到瑞士、韩国、新加坡等 11 个国家，促进了六氟化硫的高效低碳使用，同时更好地保护了生态环境，相当于我们解决了电力能源输送与生态环境保护之间的一个矛盾。

> **我的要求是徒弟必须要胜过师父，不是说全部胜过，而是必须某一方面的技能在学完以后要比师父强。**
>
> ——张文斌

主持人： 徐大师有一个称号叫“火药雕刻师”。不仅如此，听说还有人称呼您为“刀客”，是因为您多年来发明了几十种用于固体燃料药面整形的刀具。

是什么样的原因让您在这一领域不断地创新、发明？

徐立平：固体发动机被称为固体火箭装备的心脏，它的作用就是全程为火箭飞行提供动力。我的工作就是对里边的固体推进剂进行修整，以保证它的形状和尺寸符合设计要求。这项工作危险性非常高，质量要求也很高。最早的时候，我们的工具比较简单，随着我国航天事业不断地发展，研制的发动机火药形面也越来越多、越来越复杂。原有设计的操作方法不能满足生产需要，所以我就需要不断地创新，设计新的刀具来满足操作要求。当然，这个刀具不光是手工刀具，现在开始逐步发展机械整形技术，目的是要通过采用机械整形技术的手段来提高质量的统一性以及本身的安全性。这次带来的成果是我们研究机械整形成果的一部分。

主持人：张大师，听说您曾带领技术人员攻克了废水除钙镁以及环保系统除垢等一系列技术难题。在调整优化的过程中，您遇到了什么样的困难，又是如何解决的？

张文斌：稀土行业有三废，即废渣、废水和空气污染，最主要的废水处理是重中之重。国家要求稀土行业的环保政策是零排放，废水处理在三效蒸发之前，因废水中含有一些杂质，含盐杂质必须处理干净才能进三效蒸发，回收有用的氨气和冷凝水，再回收用于生产线。但是，这些杂质要是处理不干净就进入蒸发系统，会造成结垢，影响热交换和效率。所以，在钙和镁这些杂质处理过程中，我们刚开始是用化学法处理，能达到生产要求，但是效果不太好。最后，我们通过技术攻关、团队研发，发展到现在用的萃取法，提炼各种萃取剂，把这些含盐杂质降低到 PPM 级含量，达到净化水质的目的。通过净化以后，效果非常明显，就能达到蒸发废水、处理废水的制度要求。

主持人：张老师，六氟化硫的自动化检测是行业难题。您所带领的团队研制了世界上首套六氟化硫气体质量一体化的检测装置，这一创新成果拥有着什么样的价值？

张晓琴：因为六氟化硫气体是要充入电力设备内部的，所以说它的质量直接关系着设备的绝缘质量。六氟化硫一共有 9 项杂质指标，国家标准也明确要求必须经过准确的检测合格之后才能使用。以前，这 9 项杂质指标必须要在实验室里逐项检测，方法比较烦琐，一个熟练的化学专业的工人至少需要 18 个小时才能做出单个的六氟化硫样品。所以，使用传统的方法检测六氟化硫有一个很大的弊端，就是需要的时间非常多。现在，特高压工程的建设越来越多，单个工程使用的六氟化硫气体动辄就是上百吨，如果光检测六氟化硫气体就要很长的时间，就会严重地耽误工程周期。

针对这样的难点和痛点，我们团队开展了六氟化硫气体检测技术的研究，从原理上进行突破，把其中五项关键的原来没有办法通过自动化方法实现的指标，实现了仪器化、自动化的检测。现在通过一台六氟化硫气体质量一体化的装置，就可以做到 9 项指标的一体化自动化检测，检测时间只需要 40 分钟。也就是说，检测时间从 18 个小时缩短到了 40 分钟，效率提升了 26 倍。而且，这种技术避免了人为误差和原理上因为烦琐带来的误差，检测精度更高了，更好地保障了特高压工程的建设。像在江苏建设的“万里长江第一廊”，就是跨越长江的江底输电通道，在苏通 GIL 综合管廊建设过程中，它用的六氟化硫气体一共有 800 吨。如果按传统方法检测可能需要一年以上的时间，用这台装置进行检测只用了不到一个月的时间，助力工程在 2019 年 9 月 26 日顺利投入运行，为国庆 70 周年献礼。

> **年轻人不要怕犯错，要敢于尝试，只要想做的事情、觉得有意义的事情，就勇敢地去做。**
>
> ——张晓琴

主持人：徐大师，航天人才的培养一直是您关注的话题，在新时代产业工人的培养上，有哪些方面应该着重用力？

徐立平：新时代产业工人的培养要抓以下几个方面。第一个方面是要切实抓好相关政策落实。国家有关政策的落地实施工作就是将各项技能人员培养、使用、评价、激励机制落实到基层和一线，来切实激励广大的产业工人能够弘扬劳模精神、劳动精神、工匠精神，在岗位建功方面积极发挥作用。第二个方面是优化培训体系建设。根据国家发展需要建立一整套的人才培训课程设计，尤其要设计适合高技能人才的培训课程，还要增加新知识的更新频次，同时要加强高技能人才的交流。这次大会就是一个很好的交流平台，从培养上要着实下功夫。第三个方面是要创造成就事业的平台。近些年来，国家举办了各个层级的技能竞赛，在促进技能人才成长方面发挥了积极作用。我国作为一个全产业链的国家，每个工种在产业链工作中都发挥了不可或缺的作用。未来，也希望国家对所有符合条件的工种都能开展这种高规格的技能竞赛，来提升技能人员学习技能的积极性以及创新能力。

主持人：张大师，2012年您就已经开始带徒弟了，教出了一批批的技术骨干。在培养和教导徒弟方面，您有什么具体经验？

张文斌：我谈三点感受。徒弟跟师父是双向选择，师父要有高技能，选择的徒弟要热爱本职工作，热爱自己的技能，有学习和提高的愿望。这样才能相互产生火花。在带徒弟方面首先要教他做人，以德树人，其次才教他一些技能，这是第一个感受。第二个感受就是在带徒方面要言传身教，要把你会的知识全部教给徒弟。我的要求是徒弟必须要胜过师父，不是说全部胜过，而是必须某一方面的技能在学完以后要比师父强。第三个感受就是在基层的带徒弟学习过程中，切记不要批量生产，要有时间沉淀，十年磨一剑也行。而且，带徒不要搞形式化。

主持人：张老师，作为一名新时代的青年劳动者，您有什么样的工作感悟，对后辈们又有什么样的期待？

张晓琴：我有三点比较深的感悟。第一点，年轻人不要怕犯错，要敢于尝试。社会对年轻人的容错率其实是很高的。只要想做的事情、觉得有意义的事情，就勇敢地去做，一定要敢于尝试。第二点，要勇于向师父、前辈们学习。我的师父是大国工匠、全国劳动模范朱洪斌老师。我的师父跟张文斌老师一样，也是毫无保留地带徒弟，希望徒弟比师父更强。我能成长得快跟我师父有很大的关系。年轻人要向师父们多学习，他们在工作和人生道路上都可以给我们很多的指导。第三点，年轻人一定要坚持。习近平总书记曾经这样勉励科研人员，说要以十年磨一剑的韧劲、一辈子干成一件事的执着来攻关高精尖技术。要取得好的成绩、大的成果，坚持是非常必要的。不要因为一时的失败而放弃，也不要因为一时的成就而沾沾自喜、停步不前，一定要不断地努力奋斗，然后才能取得更大的进步。

主持人：最后，想请三位嘉宾和大家分享一下工作当中的创新秘诀。

徐立平：第一是要有一颗善于发现问题的心，就能从工作中发现影响质量

和效率的一些关键点以及创新点，通过解决这些问题来进行创新。第二是要不断地学习，扩大知识面，为创新提供知识方面的储备和支撑。第三是要善于发挥团队的智慧和作用。一个人的作用是有限的，团队的智慧是无穷的。通过知识互补以及分工合作，就可以解决问题以及推动创新项目的落实。

张文斌：第一个是创新这个过程比较艰辛，要专注、执着，一直坚持下去。第二个是要做好创新管理工作，包括方法、学习、团队管理以及平台管理。第三个是组建好创新团队，和团队一起努力把创新做好。

张晓琴：一是要深入生产一线。其实，创新思路来自一线的难点、痛点，深入生产一线就会发现创新思路。二是要学会融会贯通。有的时候遇到难题，不是你在自己行业领域能够直接解决的。它之所以是难点，肯定大家也攻关了很久。有时候，反而是别的行业的一些小技巧、小方法，把它们应用到你的行业当中来，会取得意想不到的效果。

创新带头人说

柏长友

宁夏共享精密加工有限公司

总经理

郭晋龙

原呼和浩特铁路局

呼和焊轨段代理高级工程师

刘争平

中铁第一勘察设计院

教授级高级工程师

特约嘉宾 刘争平 柏长友 郭晋龙

主 持 人 林 珊

主持人：这里是访谈节目《工匠说·创新带头人专场》。欢迎三位全国示范性劳模和工匠人才创新工作室领衔人的到来，他们在技术创新和科技攻关方面可谓经验丰富。

我想问三位嘉宾，在本次大会现场展示了1200多项来自全国一线职工的创新成果，在众多成果当中有没有让各位印象非常深刻的？

郭晋龙：印象最深刻的是中华全国总工会的展区展示的航空发动机，它是新一代的航空发动机的氢氧技术。发动机的焊接技术是高凤林大师研究出来的。印象深刻的还有潘从明研发的镍阳极泥中铂钯铑铱绿色高效提取技术，获得了国家科技进步二等奖，以及第七届全国创新成果一等奖的三个项目，包括内蒙古北方稀土高科的张文斌领衔研发的万吨级轻稀土碳酸盐；西安航空航天化工化学动力有限公司的徐立平研究的固体火箭发动机先进的装药和整形技术；江苏省获过国家科技进步二等奖的朱洪斌的徒弟张晓琴领衔研发的高温室效应气体六氟化硫减排技术及应用。

刘争平：我是从事铁路勘察设计工作的，所以我对铁路这方面的创新设计特别关注，印象深刻的成果有两个方面。第一个方面是铁路施工的这些机械设备特别多、特别新颖，凝聚我们铁路人的智慧，特别是盾构机、大型的机械施工设备特别多。第二个方面是智能技术的展示。在中华铁路总工会展厅里有一个全场景的设备，展现了铁路的智能驾驶技术，大家还可以现场体验，让我感觉到从铁路发展情况来看，以后智能铁路可能会逐渐覆盖铁路市场。

柏长友：参加这次盛会的行业有很多，从航空航天到农业、艺术，各行各业的展示成果令人目不暇接。我印象比较深的是陕西省总工会带来的12面玲珑球，这个玲珑球有12面体，一共有10层，因为我是从事机械加工的，所以对这个比较感兴趣，很想知道是怎么加工的。

我们领衔人对青年人要有容让、有耐心，能带领青年人积极参与到创新工作中，在团队当中要有凝聚力、有研发成果，让这些年轻人有成就感，这样创新工作室才能更好地向前发展。

——郭晋龙

主持人： 郭老师已经退休了，返聘后也继续为单位解决各种各样的技术难题，您孜孜以求的精神影响着工作室里所有的人。在带领一个创新工作室向前发展的过程当中，您认为最重要的是什么呢？

郭晋龙： 最重要的是团队的力量。我们领衔人对青年人要有容让、有耐心，能带领青年人积极参与到创新工作中，在团队当中要有凝聚力、有研发成果，让这些年轻人有成就感，这样创新工作室才能更好地向前发展。所以在创新工作中，有很多项目看着很大，有些职工认为我们能否接触到这么大的项目，其实不是这样的。小成果、小技术、小项目有小的妙处，怎么把我们工作当中遇到的技术问题在生产过程中解决好，这是一个关键。创新其实就是一个发现问题、解决问题的全过程，怎样引领青年职工在这方面发挥作用也是一个关键。我们只要带领好青年职工发挥作用了，那么他们就能继续往前走。所以我们退休了以后继续发光发热，干一些力所能及的事情，能让青年职工从中学到一些知识，在技能上有所提升，在创新方面能有思考，这样我们的工作室就会越来越好。

主持人： 刘老师，您自己不但始终冲锋在一线，还以创新工作室为平台，先后带领出一批中青年的技术骨干，在传帮带这方面您有什么样的诀窍吗？

刘争平： 实际上就像郭老师所说的，把创新变成一种自觉，特别是要对年轻人进行培养。开拓创新最主要是人的因素，所以创新的时候把年轻人的兴趣、创新的热情提起来，这个很重要。要说诀窍的话，第一个方面是一定让年轻人保持孩子般的好奇心，他才能有创新的驱动、创新的动力。第二个方面是对创新工作要有一种热情，从他的内心里面有一种创新的自觉和自发。第三个方面是一定要提高年轻人对创新的思维能力，这个思维能力包括思维空间和思维深度，而思维空间包括横向思维和纵向思维。举个例子，我买了一个鞋架放在门口，我也可以把它当作书架放在桌子上摆书，这就是横向思维。纵深上一定要讲求精益求精，对专业一定要深入研究，就是我们常说的干一行爱一行，钻一行精一行。从工作角度来讲，要给年轻人提供科技创新的平台，比方说我们在课题研究方面要把他们纳入创新团队，同时在技术交流、学术活动方面把他们领进来积极参与，提高他们的积极性。还有一点，我们作为工作室的带头人，自己一定要发挥好榜样的作用，要引领年轻的技术人员，要有学赶超这种思想在。同时，企业通过工作室制定一些政策，要给年轻人创造一些机会。

主持人：柏老师，在带领团队尤其是取得创新成果的过程当中，哪一项成果让您觉得特别有成就感？

柏长友：我们公司是一家从事大型铸钢件和铸铁件铸造和精加工的企业。我们涉猎的行业比较多，有矿山机械，还有海上风电、水电、核电等一些产品关键零部件的铸造以及加工制造。工作室成立十年来，我们先后获得了自治区成果 20 余项，授权专利 50 多项，主持了 3 项自治区的科技成果。我感觉比较有成就感的是我们通过两年左右的时间完成了九缸传动柴油机机架的精加工技术，而且现在已经可以批量供货，这次参加“工匠路演”获得了一个优秀项目，这对我来说是比较有成就感的一个项目。

> **开拓创新最主要是人的因素，所以创新的时候把年轻人的兴趣、创新的热情提起来，这个很重要。**
>
> ——刘争平

主持人：作为劳模和工匠人才创新工作室的负责人，在带领团队进行创新创效的过程当中，让你们觉得印象特别深刻的一些事情是什么呢？

郭晋龙：我们单位不是专业的科研团队、研发机构，所以申请资金就比较困难。拿我当年获得国家科技进步二等奖的项目举个例子，在这个项目的技术研发过程中，因为资金的短缺我就借了 30 多万元去研究这个项目，等到研究成功之后，我用了 13 年才还清这笔账，所以这个事情是我印象比较深的。希望在职工创新方面能够给予足够的资金支持，这样才能让他们在创新当中有更广阔的空间。

刘争平：我长期在青藏高原从事冻土研究，所以工作当中我印象比较深的还是现场艰苦的环境，青藏高原冻土的力学性质变化是比较复杂的，所以对我的压力有三点。第一点是高寒缺氧对我们现场工作环境有影响，第二点是复杂的技术研究给我们也带来很大的工作压力，第三点是对年轻人，包括我自己都容易产生一种思想上的波动。

2000 年，我上青藏线勘察的时候，有一次在工作现场昏厥了。那天中午我蹲着吃饭，吃完饭以后猛地站起来就头晕，然后一下子就摔倒了。同事赶快把我拉下去躺一躺，然后再输液，过了一会儿才好。当时我就想着是不是离开青藏高原，是不是不干这项工作了，后来还是想要坚持一下，历史给了我们这一代年轻人这么好的科技创新的契机，我们要建伟大的青藏铁路工程，所以我觉得还是要坚持下来。所以我分享的就是一定要有理想信念和创新的驱动，这是我们坚持下去的法宝。

柏长友：我是 2004 年入职的，那会儿公司搞机械加工的部门刚刚成立，当时接到了一个国外的项目，要求加工精度比较高，我作为技术员是新人，作为操作工的员工也是新人，两个新人碰到一起的时候，有很多困难处理不了。当时一个工件的加工周期大概是一个月，这一个月的时间基本上没有回家，我每天在数控机床旁边吃饭，随便简单吃一口就跟员工在现场一块干活。当时印象比较深的是我家小孩刚出生，但我基本上没回家，晚上到医院去看小孩，第

二天早晨早早地又跑回公司，整个过程是比较艰辛的。但是凭着自己这种比较执着、比较认真、不服输的劲儿，按时把这个零件给做出来了。

> **只有真正热爱自己的事业，才能足够执着、足够专注，在工作中不断地去提炼、去凝练，这样的话大家都可以成为匠人。**
>
> ——柏长友

主持人：最后，请三位老师对青年职工说上一段寄语吧。

郭晋龙：青年职工只要制定好你的目标，再铆足劲儿奋斗二三十年，那你就是这个行业的专家。在工作当中没有白受过的苦和累，只要你努力地工作，就会成功。

刘争平：我对青年人就说一句话，匠心筑梦，技能报国，奋斗的青春更美丽，让我们一起向未来，加油！

柏长友：我对新时代青年人的寄语就是，艺不止于守，而源于新，源于爱，只有真正热爱自己的事业，才能足够执着、足够专注，在工作中不断地去提炼、去凝练，这样的话大家都可以成为匠人，为我们国家的高质量发展作出自己应有的贡献。

手工艺工匠说

王国春

非物质文化遗产

苗族银饰锻制技艺代表性传承人

孙鸿雁

云南鸿雁内画艺术研究院

创新工作室负责人

正高级工艺美术师

庞永辉

河北省曲阳陈氏定窑瓷业有限公司

艺术总监

中国工艺美术大师

特约嘉宾 庞永辉 王国春 孙鸿雁

主 持 人 林 珊

主持人：这里是访谈节目《工匠说·手工艺工匠专场》。都说三百六十行，行行出状元。所谓的百工百法，正是不同行业的工匠们的精妙巧思和精湛技艺。我们邀请了三位手工艺的工匠共同探讨手工艺背后的故事。

作为手工艺的匠人，请三位老师和大家简单介绍一下自己所从事的手工技艺，它的特点都有些什么。

庞永辉：我通过带来的定瓷作品来介绍定瓷非遗技艺的特点。定窑是宋代的五大官窑之一，它创设于隋代，到北宋达到高峰期，元代断代，有1500多年的历史。2008年，定窑的非遗烧制技艺被评定为国家非遗项目，我是这个项目的传承人，也是第二代传承人。定窑最重要的特点就是刻花装饰，它的特点有两个。第一个特点是速度非常快，这个装饰是布满瓶身的，如果我拿刀刻完的话，最多也就需要3分钟的时间。所以说从我们起刀开始，就像写意画一样一挥而就，刻成什么样就是什么样，整个装饰刻完显得非常流畅，非常自然生动。不管是叶子还是花朵的形象，都是在刀的快速运动过程中完成的，有它的唯一性。第二个特点是我们在刻花的过程当中，所有的入刀、行刀、收刀的这些痕迹都自然保留下来，不去打磨，这样显得整个的人文气息比较重，属于个性化特别强的作品。

王国春：我带来的作品是编丝工艺景泰蓝系列。贵州银饰主要的特点是编丝工艺。这个银饰设计理念是通过苗族崇拜的图腾来实现的，样式活灵活现，是可以动的。在制作的过程中，这个工艺是从银条开始拉丝，拉好丝之后开始搓丝，搓丝之后再盘丝，盘好了之后要经过接焊等一系列的加工操作。大家看到的这个颜色是景泰蓝色，这也是我的一个发明专利。现在市面上看到的这种作品，基本上80%都是我们构思出来的。这里还有一个小吊坠，它是锦鸡，是苗族崇拜的图腾。传说最早期旱灾的时候，老百姓的田里没有谷子、稻子，这时锦鸡就叼来一颗米，这颗米后来就长出大米，救活了我们丹寨县10多万人。这是祖祖辈辈口述的传承，具有非常强的民族代表性。

孙鸿雁：我带来的作品是滇派内画，它是从鼻烟壶转变而来的，到现在也有百年历史了。滇派内画有四个特点。第一个特点是结合我们云南省的、民族的、现有的一些本土资源，即回归本源，比如说我们的颜料是用植物提取的，云南花卉的根茎、枝叶、蓓蕾都可以利用起来提取颜色。第二个特点是矿物颜料，比如说我们运用最多的就是用锡、金、银、铜这样的金属搭配出的颜料，这是内画的创新。第三个特点是工具，笔杆是云南的金竹，金竹的韧性非常强，在画不同的造型时用手一弯，它就自己弯过来，既让绘画的笔杆变美观，又与我们原生态的资源结合起来。还有一个载体用得比较多的是云南透明的玉石，比如黄龙玉。第四个特点是民族文化的挖掘。其实内画只是一个载体，它更多承载的是云南的民族文化。用一个很小的内画工艺来讲好云南文化故事。我们有 4 项发明专利、25 项实用性专利，这些专利能更好地保护原创产品，更重要的是我们都把它转化为产业来助力云南省的文化产业发展，这是我们的特色和亮点。

> **我们 30 多年做传统手工艺，总结的一个经验就是传统文化要想复活，真正的出路就是服务社会、服务当代生活，只有找准了这个路径和方向，我们才能真正“复活”手里的手艺。**
>
> ——庞永辉

主持人：庞老师，定瓷艺术作为一种古老的传统手工艺，它是如何融入现代人的生活方式当中的，需要在哪些方面来作出一些改变？

庞永辉：整个非遗产业里边有一个共同面对的问题，就是如何把传统的手工艺融入当代的生活当中，让它找到更大的市场。我们 30 多年做传统手工艺，总结的一个经验就是传统文化要想复活，真正的出路就是服务社会、服务当代生活，只有找准了这个路径和方向，我们才能真正“复活”手里的手艺。定瓷是怎么融入当代生活的呢？首先改变定瓷的标准，第一点要改变它的文化标准。当代人尤其是年轻人的生活方式，包括对审美的理解跟定窑鼎盛期的宋代有了很大的区别，虽然我们传承的是传统文化，但是我们更要适应当代的生活方式，从设计上就要作出改变。第二点就是质量标准。作为质量标准，在宋代虽然它代表了当时最高的科技水平，但是它整个的社会科技水平跟当代的科技比起来不可同日而语，所以说为了达到当代的质量水准，加上当代的工艺属性，我们要将当代最先进的科技融入陶瓷制作当中。打一个比方，宋代白色的瓷碗几乎所有上边都有黑点、铁点，那是当时的工艺无法避免的，但是我们现在的加工手段非常先进，有磁悬浮的电动吸铁机，这种工艺运用了以后，我们可以把一只碗做得很干净。再比如，当代人关注的生活方式是绿色、健康、环保，那生活用瓷就能做到不沾油。不用洗洁精，吃完饭的碗上的油用温水一冲，就可以洗得干干净净，这样它的品质就提升了。用定瓷的高品质服务于高

品质的当代生活。

主持人：王老师，请您谈谈如何让更多的人认识了解银饰的锻制技艺。

王国春：第一个是通过线上线下的结合，这种结合不仅是销售，更多的是体验。比如大国工匠创新交流大会，也是一个非常好的交流平台和互动平台。匠人这种技艺不能停留在工坊，还要多走出去，而且要多与一些高校进行校企合作，让非遗技艺走进校园，让孩子们认识苗族银饰和银饰技艺。第二个是创办研学的平台，让大家能够以亲子游等方式来到作坊亲自体验。第三个是多拍点视频，现在是互联网时代，我们多拍点视频，让大家更多地认识非遗技艺、工匠技艺，让艺术走进生活里面去。

主持人：孙老师，请您谈谈内画艺术与云南民族的文化是怎样融合在一起的。

孙鸿雁：文化艺术是几千年的历史，可是艺术创新、设计还是要回归生活，我们在继承和传承优秀文化传统的同时，更多的是结合现代社会所需求的

市场，包括通过设计的科技创新的手段，把文化更好地融入现代人的生活中。其实我们的手段也很多样化，比如说与院校、高校的合作。我创立滇派内画，结合云南的金属工艺、陶艺等，跟内画相结合，就创造出多种工艺、多种材料融合创新的工艺品。把好几种云南的优秀文化融合在一起，更好地推动云南的产业发展。所以我想用科普的手段，用手艺体验进校园、进社区、进企业等方式来弘扬传承民族文化。而且还需要通过在高校开设设计专业的方式来传播知识产权保护。大家对原创设计是非常提倡的，每位大师的原创作品，一定要经过知识产权进行保护，并且可以产业化，最终还是要服务于我们的社会。

> **匠人这种技艺不能停留在工坊，还要多走出去，而且要多与一些高校进行校企合作，让非遗技艺走进校园，让孩子们认识苗族银饰和银饰技艺。**
>
> ——王国春

主持人：我还想请问一下三位老师在各自深耕的手工艺的领域当中，对于技艺的传承都有哪些新的举措。

庞永辉：作为传承人，传承这种手艺并让它世世代代地传承下去是我们的责任，所以我们采取了一些跟传统方式不一样的举措。第一个是收徒弟，采用传统的收徒授艺的方式，但是收徒标准不一样。2023 年 6 月 12 日我刚收了 8 个徒弟 ，这些徒弟都是在我身边或者从事定窑工作五年以上，必须要喜欢、热爱这个事情，这是我的收徒标准。第二个是重视和大学的合作。我现在经常在大学授课，因为我们传承的项目做得好与不好，光靠我们几个传承人不行，未来的传承人是不是年轻化、知识体系化，有没有新的知识融进传承人队伍里来，这对手艺下一步的发展是非常重要的。所以我很重视跟大学的合作。有时候在讲课当中也发现特别好的苗子，然后去引导他热爱定瓷，加入这个产业队伍当中来，这对我们项目是非常有意义的。第三个是办培训班。我在职业培训学校里办培训班，每年五期纯工艺培训是全免费的。这几年我培养了好几百人从事定窑这个产业，帮他们建立非遗工坊 100 多家，带动了 5000 多人就业，起到了促进产业发展的作用。现在有的学校已经开始正式把陶瓷列为一个乡土课程来开展。如果要培养非遗传承人，就要从娃娃抓起，让他们从小就知道我的家乡有这样一项优秀的传统文化，通过这个引导他们热爱自己的家乡、热爱祖国，这样他就更热爱自己的传统文化，对我们未来队伍的壮大、人才的培养会更有好处。

王国春：我对银饰行业的新技术发展有两点看法。第一点看法是加大培育人才的力度。我在贵州东南部与两所学校合作开设了国粹银饰班，一个是大专班，一个是中专班，就是为了加大培训力度来育人才。第二点看法是加大努力创新的力度。这不仅仅在于银饰的创新，而是要多与全国非遗的作品领域来糅合发展、糅合设计。像银饰类的也可以跟服饰类糅合，服饰类的也可以与银扣类糅合。所以说第一个要加大文创力度，打造全国非遗的研发中心，第二个要引入更高级的人才一起参与，培育更多的技能人才以及新一代的传承人。

> **我们在继承和传承优秀文化传统的同时，更多的是结合现代社会所需求的市场，包括通过设计的科技创新的手段，把文化更好地融入现代人的生活中。**
>
> ——孙鸿雁

孙鸿雁：我觉得要理论与实践相结合来进行传承。我在高校当老师，想通过理论研究、社会实践、作品制作再去凝练知识，采取更好的创新方式。我们也有院校授课普及知识，比如科普知识走进社区、走进校园形式，甚至从小学就开始普及，也做了一些体验课程，让小学生从小就知道云南省的文化是怎么样的，我们的民族文化是世界的。我们除了理论提升支撑之外，还运用学术的手段，在高校、职业院校开设了选修课，在高校让学生多方面地选修一些相关课程，再对这个课程进行创新，他们对技艺的不同理解其实对这个行业的发展也是一个很好的推动作用。

主持人：请三位老师来用一句话讲一讲你们理解的工匠精神。

庞永辉：我觉得用一句话来体现的话，那就是做到真正的喜欢。打个比方，我们和我们从事的定瓷工作之间的关系就像人与饭的关系，不是定瓷离不开我们，而是我们离不开定瓷。所以说，只有做到真正的喜欢，在工作当中无论是枯燥也好，还是艰难困苦也好，我们都能克服。要不然的话，我们很难超越自我去实现工艺的突破。这就是一种对于艺术的执着追求的信仰的力量。

王国春：我的理解就是工匠精神就是吃苦耐劳，做每一件事都要精益求精，把它做到极致。

孙鸿雁：我觉得我很热爱“一辈子做好一件事”这样的信念，因为内画本身是很精细的活儿，需要一丝不苟、精益求精、专注的力量，这是把我们这个专业做好的精神方面的领悟和感悟。

叁

对话：工匠人才的培养之路

创新工匠选树模式

孟祥忠

河南省总工会兼职副主席

航空工业（集团）有限公司高级技师

张宿义

泸州老窖股份有限公司副总经理

酒体设计总工程师

冯家欣

湖北省总工会党组成员、副主席

特约嘉宾 冯家欣 孟祥忠 张宿义

主 持 人 林 珊

主持人：这里是访谈节目《对话·工匠人才培养之路》。现在很多工会和企业都在潜心培养技术人才，引导职工走上工匠之路，鼓励创造，激励成长，让劳动的价值得到最大限度的认可，让人才拥有更加阳光而灿烂的未来。

我们本期的话题是创新工匠选树模式，欢迎三位嘉宾的到来。首先想请冯主席和孟主席分别介绍一下您所在的省份或企业工匠选树的情况，以及在工匠选树的过程中有哪些创新或亮点。

冯家欣：从2016年起到现在，湖北省总工会在全省选树了5名大国工匠和529名荆楚工匠。在湖北工匠人才选树的过程中，我们大致经历了两个阶段：第一个是典型发掘阶段。2016年至2020年以典型发掘为主，即通过组织发动或劳动技能竞赛典型选树，包括基层的推荐、专家的评审、公众的投票，是审核公示后再宣传表彰的一种模式。第二个是跟踪培养阶段，从2021年起，在这种典型发掘的基础上进行跟踪和培育，形成了定向培育、跟踪培养的模式，对在岗位上潜力大的、优秀的人才及早地进行跟踪培养，然后进行培

训，参加各种各样的竞赛，接着进行宣传、选树。这也是工匠选树中的一个创新点。

结合工会工作实际，我们在工匠选树过程中非常注重以下三个方面的工作。第一个方面是注重建立健全具有工会特色的工匠人才培育机制。湖北省总工会印发了关于“荆楚工匠”选树活动的实施意见、管理办法以及培育创建的办法，推动各地各单位重视和加强工匠人才培育体系的建设。第二个方面是注重打造工匠人才培育选树的完整链条，把工匠人才作为核心的环节，更加注重工匠人才培育的过程管理，打造集定向培育、选拔推荐、统一命名、集中宣传和发挥作用于一体的完整工作链条，放大了工匠培育选树工作的社会效应。第三个方面是注重构建湖北全省联动的工匠人才、培育选树的工作格局，在湖北省总工会的示范带动下，各市州、各行业普遍开展各具特色的工匠人才的培育活动。比如，武汉市培育“大城工匠”、黄石市培育“东楚工匠”、十堰市培育“车城工匠”、国网电力公司培育“鄂电工匠”、江汉油田培育“江汉工匠”等，这样就在湖北全省形成了不同层级、不同领域的工匠人才，集中工会的资源争取各方的支持，形成了省市县、基层、产业、行业四级联动、梯次培育的工匠人才培育的良好局面。

孟祥忠：从 2017 年开始，河南工匠选树工作构建起省、市、县三级选树构架。截至 2023 年 7 月，共选树了大国工匠 4 人、河南省中原大工匠 157 人，省辖市、省行业工匠 2000 余人，形成遍布各行各业的以县级和重点企业级的工匠为主体的中原工匠方阵。我们在选树的过程中，将选树的重点放在新兴产业、智能制造、智能创造这些行业里边，把工匠的比例数向这些行业倾斜。我们的一个创新点是把工匠选树量化，即专利、创新成果、论文、师带徒等，把它具体数据化，这样让真正有创新、有才能的工匠被选树出来。

把工匠人才作为核心的环节，更加注重工匠人才培育的过程管理，打造集定向培育、选拔推荐、统一命名、集中宣传和发挥作用于一体的完整工作链条，放大工匠培育选树工作的社会效应。

——冯家欣

主持人：冯主席，2023 年 5 月 25 日湖北省第十四届人大常委会第三次会议表决通过了《湖北省人民代表大会常务委员会关于大力弘扬劳模精神 劳动精神 工匠精神的决定》（以下简称《决定》），这也是全国首个由省级人大出台的关于大力弘扬劳模精神、劳动精神、工匠精神的决定。请您来谈谈该《决定》对于工匠选树所产生的系列影响。

冯家欣：这个《决定》充分弘扬了三种精神，使劳动光荣、技能宝贵、创造伟大的价值理念深入人心，特别是工匠精神对工匠选树工作具有广泛深远的意义。我觉得《决定》出台以后，第一个重大的影响是强化了工匠人才选育的标准。我们按照工匠精神执着专注、精益求精、一丝不苟、追求卓越的要求，把它用到选育工匠人才的标准上，然后把好的工匠选拔出来。第二个重大的影响是为培育工匠人才提供了政策支持和法治保障。《决定》把促进更多的技能型劳动者成长为工匠人才、发挥工匠人才的示范引领作用摆在了突出的位置，为培育选树工匠人才提供了政策支持和法治保障。第三个重大的影响是指出了工匠人才的发展路径。《决定》强调，要深化产业工人队伍的建设和改革，打造高素质的产业工人大军，让更多的劳动者，特别是青年工人走技能成才、技能报国之路。这对湖北省加快建设一支适应高质量发展要求的高素质劳动者大军，起到了十分重要的人才支撑作用。

主持人：孟主席，您作为中国航空工业（集团）有限公司的高级技师，请您结合自身的成长经历谈谈中航工业集团在工匠培育选树上的一些好做法。

孟祥忠：我跟各位分享2023年航空工业第八届职工技能大赛的例子。我们举办这个竞赛的目的是为行业培养一支能够胜任岗位的职工队伍。为了实现这个目标，在竞赛前先按照岗位的需求以及需要掌握的必要的知识和新技能，编制了一部分理论题和实操题，由各个单位组织广大的产业工人来学习，选树自己的标杆以及种子选手，再由航空工业集团组织预赛。我们会针对在选拔选手的过程中职工队伍存在的一些短板差距，再重新修改培训内容、培训方案。这样让职工有目的地提升，适应岗位需求。在预赛的过程中，会先根据理论题或者实操题给职工培训，达到职工补短板、提升自己能力的目的。选出来学习能力强、干劲足的员工参加决赛。在决赛的过程中，会先针对职工队伍的短板再开展培训，这样有利于整个行业工种的能力提升，同时也把行业工种中学习能力强的、有理想有抱负的年轻员工选树出来，使之成为整个行业的学习标杆和大国工匠。最后还会针对员工的个人特点以及技能特点，成立行业的工种联盟，让整个行业所有的产业工人一步一步地成长，提升自己的技能，胜任我们的岗位，为国家创造更多的大国重器。

> **工匠选树量化，即专利、创新成果、论文、师带徒等，把它具体数据化，这样让真正有创新、有才能的工匠被选树出来。**
>
> ——孟祥忠

主持人：张总是四川工匠，也是泸州老窖酒传统酿制技艺的第22代传承人，请您分享一下您的工匠成长经验。

张宿义：个人的成长离不开组织的培养。泸州老窖有一个传统，所有的大学生也好，新来的工人也好，都要在全公司各个岗位上进行锻炼。我学的专业是酿造、发酵，大学毕业后就按照公司的要求，在生产一线从事酿酒生产工作。我有酿造、发酵过程的理论基础，但是和传统的酿造行业这些经验性的东西怎么去结合，就需要从理论到实践，又从实践到理论进行系统的分析。我当工人时的确也是脚踏实地，铆着一股劲儿向一线的工人师傅和酿酒老师拜师学艺，把从酿酒生产最基础的体力劳动如搬糟、上甑等，到经验性感官的配料都学遍了。我用了将近 5 年的时间在生产一线进行了系统学习，为现在对酿酒生产的理解和酿酒工艺的创新奠定了坚实基础。

在学习酿酒的过程中，我进行了系统的产品学习，既学习了泸州老窖的传统酿制技艺，也学习了全中国具有典型代表的其他香型酒的工艺和质量特征。这使我现在能够对全国白酒的产品生产工艺、产品质量、技术发展或者一些创新的东西有更深的理解，也使我逐渐成为传统酿酒行业的工匠。除了技术的学习，还要不断地进行科学研究，特别是结合人工智能、自动化技术和大数据，为传统的酿造行业高质量发展奠定基础。

> **激励工人有两种通道，一种走管理通道，一种走技能通道，双通道建设能促进员工安下心来认真学习技术、提高技能。**
>
> ——张宿义

主持人：在三位嘉宾看来，工匠选树产生了哪些积极的影响，如何更好地发挥工匠们的激励和引领作用？

冯家欣：工匠选树至少在三个方面产生了影响。第一个方面是工匠精神深入人心，工匠群体受到尊重。工匠的选树使一大批优秀的技能人才脱颖而出，工匠人才被各类媒体争相报道，工匠的故事在社会上广为传播，大批工匠人才被命名宣传，特别是广大职工在身边有了可学可见的工匠典型。第二个方面是工匠的职业荣誉感得到了提升，提高了政治和经济方面的待遇。湖北省出台了

《关于提高技术工人待遇的实施意见》等一系列政策，工匠人才的社会地位持续得到提高。第三个方面是工匠人才的作用发挥更加充分。获得工匠人才称号以后，他们会领衔职工、劳模工匠创新工作室，在创新、攻关、技能传承、人才培养、作用发挥等方面起到很大作用，主动参与原创性、引领性科技攻关，助力打赢关键核心技术攻坚战，促进了产业链、供应链的稳定、可靠和发展壮大。目前，湖北省有 3670 家职工、劳模工匠的创新工作室，开展技能创新超过了 12 万项，为持续推动湖北高质量发展汇聚了强大的正能量。

孟祥忠：工匠的选树为有想法、想创新、想努力工作的广大产业工人打开了一扇希望之门，也为很多一线产业工人找到了目标和方向，坚定了他们的奋斗目标和奋斗方向，同时也有助于为国家制造业和各产业建设一支坚实有力的技术工人队伍。希望广大的产业工人利用好工匠选树的平台，让自身成长得更快一点，胜任岗位工作，让自己变得更有价值。

张宿义：泸州老窖在工匠选树方面做了大量的探索，比如现在有国务院政

府特殊津贴的获得者 7 人，天府工匠 3 人，全国技术人才 4 人，四川技术人才 4 人。这也是泸州老窖对职工技能提升的高度重视，通过资源配置、激励制度等，促进了技能型人才的增长。我们具体是从四个方面来做的。第一个方面是因材施教，针对不同的技能型人才制订不同的培训计划，比如泸州老窖特色的“航计划”，分级分类技能人才的培训工作，具体通过能工巧匠、精益工匠，还有专家讲堂、传承人计划等具有自身特色的技能人才培训计划来实现。第二个方面是针对传统的酿造行业，给生产技术这个板块创新了导师带头的制度，也就是公司给每一个从事生产技术的员工匹配一个导师，并且是双向选择，徒弟选导师，导师选徒弟，让技术工人在生产实践中进行培训，同时对他们进行考核，导师带徒弟带得怎么样，徒弟学得怎么样。在考核的同时，每年还进行技能大赛，通过技能大赛来检验工匠培养的熟练程度。第三个方面是在平台搭建上，通过各级技能大师工作室、四川省高技能培训基地等这些平台，给技能人才的培养奠定更好的基础。第四个方面是激励。激励工人有两种通道，一种走管理通道，一种走技能通道，双通道建设能促进员工安下心来认真学习技术、提高技能。

>> 打造“全明星”工匠阵容

熊娉婷

泸州老窖股份有限公司工会主席

尤理明

中车戚墅堰机车有限公司

工会办主任

许子武

国网湖北省电力有限公司

职工董事、党委委员、工会主席

特约嘉宾 许子武 熊娉婷 尤理明

主 持 人 林 珊

主持人：这里是访谈节目《对话·工匠人才培养之路》，本期的话题是打造“全明星”工匠阵容。今天和三位来自企业工会的嘉宾共同探讨如何打造“全明星”工匠阵容。

想请三位嘉宾向大家介绍一下自己所在的企业目前涌现了哪些工匠，工匠的阵容是什么样的。

许子武：国网湖北省电力公司是典型的人才技术密集型企业，当前正处在转型发展的关键阶段，始终坚持把工匠培养作为推动企业发展、助力技术进步、引领队伍风尚的抓手，打造了涵盖技能型、科研型、攻坚型人才的工匠阵容。在技能型方面，培养了世界特高压直流输电线路带电作业第一人、禁区勇士——胡洪炜，他先后荣获了全国劳动模范、全国最美职工等称号；在科研型方面，培养了国家电网公司特等劳动模范——周鲲鹏，他深耕电力系统运行与控制领域，获得各级奖励 18 项、授权发明 25 项，为电网自主控制、安全稳定运行作出了贡献；在攻坚型方面，培养了国家电网公司首批首席技师——黄代

中国工人

雄，他扎根工程一线，带领同事攻坚克难，完成了多个世界领先的特高压工程项目首台首套的施工调试任务，为打造大国重器发挥了电网工匠的作用。

目前，湖北省电力公司共有全国技术能手、青年岗位能手 8 人，中央企业技术能手、青年岗位能手 5 人，电力行业技术能手 32 人，湖北省技术能手、青年岗位能手、技能大师、荆楚工匠 132 人，国家电网公司首席专家、工匠 2 人。他们为公司的转型发展提供了坚强的队伍保障和强大的技能支撑。

> **我们创新构建了“3+1”人才体系。所谓“3”就是三通道，包括面向各级领导人员的职务通道、面向管理技术人员的职员通道，以及最重要的面向技能人员的 1 ~ 7 级工匠通道。这个“1”就是领军人才，可以视为更高层次的工匠人才通道。**
>
> ——许子武

熊娉婷：作为中国白酒的头部企业，泸州老窖一直致力秉承匠心匠意，为消费者酿造“大国浓香”。在这个过程中，涌现出了比较有代表性的工匠，包括勇担民族技艺传承使命、民族品牌振兴使命和民族企业创新使命的全国劳动模范、中国酿酒大师刘淼，创新品牌运营、创新营销模式的四川省劳动模范林锋，还有择一事终一生、潜心技艺研究近 40 年的四川工匠沈才洪，以及四川省“十佳”劳模和工匠人才创新工作室领衔人张宿义、轻工业协会轻工大国工匠杨平等。2023 年，由一线技术骨干赵丙坤牵头打造的盒装产品数字化检测及封装、关键技术与应用项目，在第七届全国职工创新成果大赛上获得了二等奖。经过多年的探索和努力，企业现在整体的工匠队伍呈现为以中国酿酒大师、轻工业协会大国工匠为引领，以四川工匠、天府工匠、酒城工匠带动，各级的技术能手、技术标兵联动的工匠阵容。

尤理明：我来自中国中车旗下戚墅堰机车有限公司，公司是中国铁路装备制造，特别是内燃机车研发的主要基地。这个有着125年历史的企业还在不断焕发新生机，为我国铁路五次大提速发挥了重要作用。关于企业人才储备，在工匠打造方面主要涌现了一些像全国劳模张忠，省部级劳模朱立明、潘德昌，以及中国中车和市级的劳模42名。张忠作为首届大国工匠，他的成果也参加了论坛交流展示。在装备制造方面有一些突出的人才储备，有梯队、有计划、有目标地进行培育和选拔。到目前为止，工匠人才包括中国中车高铁工匠4名、常州市龙城工匠3名、江苏大工匠1名、江苏工匠5名、中车资深技能专家14名，还有公司内部的技能专家66名。公司在人才培育方面下了大功夫、大力气。

主持人：三位嘉宾所在的企业都在打造“全明星”工匠阵容，那么在培育工匠人才方面有哪些创新举措可以和我们分享？

许子武：电网企业具有建设、生产、运营、服务一体化的特征，这也决定了员工组成除各级管理人员外，还有从事电网规划、科学研发、装备制造的专业技术人员，更多的是从事电网建设、供电服务、运行维护的一线班组职工。我们大概有3000个班组4.7万名一线职工，占比70%左右。这么大一支队伍的管理方式、考核内容、成长路径都不尽相同。为避免千军万马过独木桥的现象，我们创新构建了“3+1”人才体系。所谓“3”就是三通道，包括面向各级领导人员的职务通道、面向管理技术人员的职员通道，以及最重要的面向技能人员的1~7级工匠通道。这个“1”就是领军人才，可以视为更高层次的工匠人才通道。这个人才体系设置完备、科学规范，为公司增添了动力，凝聚了合力，特别是工匠通道，给扎根一线、默默奉献的基层员工留足了发展空间，目前已有1000余人脱颖而出。此外，在工匠人才管理和遴选评价等方面也有很多有益的改革创新。

> **在平台的建设方面，我们不仅搭建了企业的培训中心、知识管理平台、线上线下的学习平台，还通过国家固酿中心、博士后科研工作站等实践平台，为技能人才、工匠人才提供发展和晋升的通道。**
>
> ——熊娉婷

熊娉婷：关于工匠培育有三点经验分享。第一个是要做好制度和平台的保障，立足工匠人才的权益保护、技能提升。我们现在已经出台了 20 多项制度，包括劳模创新工作室的管理办法、分级分类的培训制度，以及基层员工考取了职称或者技能证书会得到相应的激励和补贴等。这些制度在很大程度上激励着他们积极进步。在平台的建设方面，我们不仅搭建了企业的培训中心、知识管理平台、线上线下的学习平台，还通过国家固酿中心、博士后科研工作站等实践平台，为技能人才、工匠人才提供发展和晋升的通道。

第二个是结合企业的实际情况，打造了 17 个比较有特色的劳动竞赛品牌，其中有一个品牌是“怀玉杯”酿酒技能大赛。坚持每年举办、全员参与，每年的冠军都被评为公司的劳动模范，以此搭建从工人到工匠的阶梯。

第三个是在强化激励保障方面，创建了管理通道和专业通道的双通道职业发展体系。特别在专业通道里将工匠作为一个序列，为他们提供晋升平台，让工匠、工人通过精深的技能来获得和管理人才、科技人才同等的职级和待遇水平。专门为工匠人才配置了技能津贴、手工补贴等，特别是对于符合条件的高技能人才，将之纳入公司比如股权激励这样的中长期激励的对象范围内，这样就能很好地激活工匠人才队伍的活力。

通过先进人物的先进思想、先进事迹、先进经验和先进技术进行典型人物的带、典型事例的引和典型效益的促，开发实际需要的课程，让高技能人才充分发挥引领作用，把经验显性化、模块化，不断地优化培训内容，把更好的技能传承下去。

——尤理明

尤理明：我们公司在人才培养方面，一是优化高端人才的孵化模式，二是加强对复合型人才、双师型人才的培育，三是发挥劳模、工匠和技能大师创新工作室的作用。

在高端人才孵化方面，现在实行的是产教融合、校企合作，创新各层次的人才培育模式，主要是根据紧缺工种、关键岗位需求，把各个技能等级目标、指标 KPI 分配到各个生产单位，落实培训责任，做好人才储备。各个生产单位

要建立上下贯通的培育机制。现在铁路装备制造方面发展非常迅速，竞争也比较激烈，所以根据这个发展趋势，依靠公司目前的岗位技能带头人以及高技能核心人才，培育更优秀的人才作为后备人才的储备。

在复合型人才、双师型人才培育方面，优化人力资源的配置，培育更多的多能工、多工种、多工序的复合型人才。像高铁工匠陈士恩，他原来是冷作工，自学了电焊技术和钳工技术，所以现在是三证合一的多工种复合型人才。

在创新工作室方面，大力弘扬劳模精神、劳动精神、工匠精神。通过先进人物的先进思想、先进事迹、先进经验和先进技术进行典型人物的带、典型事例的引和典型效益的促，把传授技能、提高思想觉悟作为一个引领，开发实际需要的课程，让高技能人才充分发挥引领作用，把经验显性化、模块化，不断地优化培训内容，把更好的技能传承下去。

厚植职工创新沃土

匙涛

山东省轻纺工会副主席

山东省总工会产改专班负责人

贺娟

陕西省职工创新技术协作中心

主任

杨进余

宁夏回族自治区总工会

经济部部长

特约嘉宾 杨进余 匙 涛 贺 娟

主 持 人 林 珊

主持人：这里是访谈节目《对话·工匠人才培养之路》，本期的话题是厚植职工创新沃土。请三位嘉宾针对这一话题，聊一聊参加本次大会的一些感想和感受。

韪涛：这次大会规格高、规模大、内容多、形式新，给各省区市总工会以及工匠人才提供了展示交流的机会，也充分彰显了大国工匠在中国制造、中国创造、中国式现代化建设当中发挥的卓越作用、作出的突出贡献。我们也将以此次大会为契机，深入学习贯彻习近平总书记致首届大国工匠创新交流大会的贺信精神，持续深化产业工人队伍建设改革，聚焦聚力产业工人的思想引领、建功立业、提升地位、维护权益、壮大队伍等方面改革措施，持续深化“齐鲁工匠”建设工程，扎实推进职工创新创效工程，广泛汇聚广大产业工人的智慧和力量，为中国式现代化作出新的更大贡献。

杨进余：我感觉这次会议的规模非常宏大，参与的人员非常广泛，内容非常丰富，形式非常新颖。这是一次大国工匠的大聚会，是一次著名劳模的大聚会，是一次各行各业职工的大聚会，也是一次全国工会干部的大聚会。大家齐聚北京，通过各种各样的方式展示交流劳模工匠、职工创新的成果和精湛的技艺。它展现的是工人阶级的伟大品格和伟大力量，展现的是广大劳动者辛勤劳动的智慧和汗水。我深深地感到，在中国共产党的坚强领导下，在工人阶级强有力的支撑作用下，中国式现代化、中华民族伟大复兴一定会实现。

贺娟：参加这次工匠大会感觉特别振奋，特别激动。这次大会举办得非常精彩，这么多大国工匠参与大会，感受到他们的初心和坚守，看到了职工创新创造方面的智慧和力量，学习了其他省市在培育职工工匠人才和职工创新创效方面的好做法，我受益匪浅。我尤其感慨的是，在大会上看到了大国工匠一代代的传承，比如高凤林大师，他是焊接火箭“心脏”的大国工匠，而陕西省年轻的大国工匠何小虎是火箭“心脏”的雕刻师。在现场看到他们有交流和互动，这种技艺的代代传承让我非常感动，也是我学习的榜样。

职工将自己的创新成果上传到鲁班双创网上，会有职业经理人和他本人对接，帮助职工把创新成果进行进一步的转化，转化为现实的生产力。

——匙涛

主持人： 党的二十大报告提出，要深入实施人才强国战略，努力培养造就更多的高技能人才。各单位所属的省份在激励产业工人技能提升以及技术创新方面，都采取了哪些措施？

匙涛： 近年来，山东省强力推进“齐鲁工匠”建设工程，创新了“五大工作机制”。第一个是创新工匠的培育机制，包括劳动和技能竞赛，数字赋能高质量发展职工创新大赛，以及职工创新创效竞赛。通过这些大赛选树和培育了一大批高技能的工匠人才。第二个是创新工匠的选树机制。山东现在每年选树2名首席大工匠、10名齐鲁大工匠、100名齐鲁工匠，通过优中选优、好中选好、竞争择优，选出来最优秀的工匠人才，逐渐培育成长为大家公认的高技能工匠人才。目前，山东省已经有7名大国工匠。第三个是创新工匠的保障机制。在政治待遇方面，推动齐鲁工匠担任各级党代会代表、人大代表、政协委员等；在经济待遇方面，给予齐鲁工匠资金支持；在社会地位方面，把他们纳入疗养范围，每年组织开展疗休养活动。第四个是创新工匠的作用发挥机制。建成了全国规模最大、最具影响力的劳模精神、劳动精神、工匠精神基地，组织开展劳模工匠党组书记宣讲团和劳模工匠“五进”活动、创新创效活动等，让广大劳模工匠能更好地发挥作用。第五个是创新工作的推进机制。建立了一个创新创效工作委员会，通过一系列的文件政策，拿出共同的资源和手段来推动齐鲁工匠在各行各业发挥作用。“齐鲁工匠”建设工程是山东省32项改革品牌之一。

杨进余： 宁夏主要有六个方面的措施。第一个方面是建立工匠的选育体系，建立企业工匠、县级工匠、市级工匠、塞上工匠，直到大国工匠的选育体系，逐步把工匠体系建立起来，层层选育、层层宣传、层层树立。第二个方面是丰富高技能人才的培养体系，载体很丰富，包括常态化地层层开展职工的“五小”活动，围绕自治区的国家级重大战略、重大项目开展劳动竞赛项目，以赛提技。第三个方面是有针对性地组织职工开展技能培训，经常下基层、下企业，针对职工和企业的需求，开展一些适销对路的培训，效果非常好。第四个方面是常态化组织职工赴东部发达省区，比如山东、福建、浙江、江苏等，开展职工尤其是高级工以上的职工的技术交流。第五个方面是坚持培育劳模和创新工作室，宁夏回族自治区每年要培育自治区级的劳模和工匠，培育 10 家人才创新工作室，给予重奖，这样带动各级工会培育劳模和工匠人才工作室。第六个方面是一个基础性的工作，做好农民工的“求学圆梦行动”的落实工作，实施职工学历和技能的双提升。通过这些措施，把提升职工技能素质工作抓实，把核心工作做好，最终把产业工人队伍建设改革的基础夯实，提升整体的产业工人素质。

贺娟：陕西主要通过三个方面激励产业工人技能提升、技术更新。第一个方面是建章立制，从制度层面提供基础保障。2018 年以来，先后推动出台了“一计划、两意见、三个办法”，比如出台了《“三秦工匠计划”实施办法》，把“三秦工匠”列为陕西省委、省政府的表彰项目。从 2018 年到现在，已经表彰了 140 名“三秦工匠”，每个人奖励 5 万元，共培育了 250 多名产业工匠、800 多名市级工匠。这是从工匠人才体系的方面进行培育。第二个方面是以职工职业技能大赛和职工科技节作为平台，积极地开展技能提升、职工创新的工作。2022 年，首次创立开展了“三秦工匠杯”职工职业技能大赛，为职工的成长成才提供平台。近五年来，陕西省举办了省级大赛共 900 多场，有 2500 多名一线技术工人通过大赛荣获了陕西省的技术能手称号。第三个方面是陕西省职工科技节，也是工会创新的工作品牌。职工科技节是由陕西省总工会、陕西省人社厅、陕西省国资委联合举办的科技节，有创新成果的展示、创新大赛、先进操作法、工人发明家等内容，特别能够带动“五小”群众性创新创造活动蓬勃开展。

陕西省总工会一方面给予荣誉奖励，另一方面给予真金白银的奖励。比如，陕西省级一类大赛第一名的工匠直接被授予“陕西省五一劳动奖章”；全省每年专项列支500万元用于职工技术技能等级、技术创新的奖励，获得高级技师奖励2000元，发明专利奖励2000元，实用新型专利奖励1000元。只要职工申报符合条件，都给予奖励，这在一定程度上提升了职工福利待遇，也提升了职工的工作积极性。

> **建立企业工匠、县级工匠、市级工匠、塞上工匠，直到大国工匠的选育体系，逐步把工匠体系建立起来，层层选育、层层宣传、层层树立。**
>
> ——杨进余

主持人：匙主席，在本次大会上，山东展区展示了多个创新工作室，以及DP20型全液压取样钻机等丰富创新创效的竞赛成果。请您谈一谈山东省在产业工人具体创新创效当中都有一些什么样的成果。

匙涛：近年来，山东省围绕职工创新创效做了大量的工作，除了刚才说到的“齐鲁工匠”建设工程，还有“三赛”“一意见”“一平台”。

“三赛”包括劳动和技能竞赛、职工创新创效竞赛和数字赋能职工创新大赛。其中，省级决赛有102项，特等奖是2个，奖励100万元。这是参照着科学技术奖的模式，奖励力度非常大。现在带动山东全省各级层层组织开展创新创效竞赛，广大职工已经积极、深入地参与到创新创效活动和大赛当中了。

“一意见”是《山东省提升产业工人创新力指导意见》。这个文件整合了山东省政府以及山东省产改联席会议成员单位各方面的资源和政策，共同提升广大职工的创新意识和创新能力，是在维护产业工人的创新权益方面制定的纲领性的政策。

“一平台”是山东省鲁班职工创新创效服务中心，它有一个线下的基地，还有一个线上的鲁班双创网。职工将自己的创新成果上传到鲁班双创网上，会有职业经理人和他本人对接，帮助职工把创新成果进行进一步的转化，转化为现实的生产力，职工在这个过程当中能够得到相应的收益。这样就形成了一个良性的循环。

主持人：杨部长，宁夏展区展出了许多关于宁夏开展“五小”创新成果竞赛方面的成果，请您着重分享一下“五小”活动的内容。

杨进余：“五小”成果是职工技术创新的基础，为此我们坚持每年常态化开展职工“五小”活动，而且是层层开展。所谓的层层开展就是先是企业开展，之后是县级总工会开展，然后是市级总工会开展，接着就是自治区总工

会开展，层层地选拔，层层地发布，层层地奖励。连续几年之后，职工的“五小”活动铺天盖地开展起来了，效果非常好。一些职工的“五小”活动已经上升为技术创新成果。在职工群体中有很多有创新创意的人，他们最需要的就是通过这样的活动被看到、被发现、被重视。

主持人：贺主任，陕西展区在这次大会上展示出了许多示范性创新工作室的创新成果。请您谈一谈陕西如何通过创新工作室的方式来提升产业工人队伍的整体创新能力。

贺娟：在这次工匠大会上，陕西展区遴选了 4 个创新工作室和 1 个创新工作室联盟，通过图文和实物来展示他们的创新成果，这也是陕西省推动劳模和工匠人才创新工作室建设的一个缩影。截至 2023 年 7 月，陕西省创建国家级示范性创新工作室 9 个、省级示范性创新工作室 140 个，全省各级各类的创新工作室达到了 2000 余个，会集了 25000 多名核心创新人才。从 2016 年开始，陕西省为了推动创新工作室建设，先后出台了多项措施，明确了创新工作室的持有标准、奖励激励政策，以及考核机制、监督机制，从制度上进行保障。比如，每年选拔有 20 个省级示范性创新工作室，我们邀请大国工匠、“三秦工匠”创新工作室的领衔人作为评委进行评审，评审之后还要进行实地考核。陕西省在创新工作室建设方面累计投入的支持资金达到了 700 万元。

我们以大国工匠、“三秦工匠”领衔人联合企业不同工种的职工组成一个核心团队，以发现和解决工作现场实际的技术难题为重点，开展技术创新活动，每年带动 10 万名职工参与技能创新，广泛地开展“五小”活动。2016 年到 2023 年，陕西省有 13 项职工创新项目获得全国职工的创新补助项目，资金共计达到 240 万元。在 2023 年的第七届全国职工优秀技术创新成果交流活动中，有 8 项成果入选前 100 名，其中有 4 项分获了一、二、三等奖。这对我们的职工来说还是让他们挺振奋的。

我们以大国工匠、“三秦工匠”领衔人联合企业不同工种的职工组成一个核心团队，以发现和解决工作现场实际的技术难题为重点，开展技术创新活动，每年带动10万名职工参与技能创新。

——贺娟

主持人：最后，请三位嘉宾谈一谈通过参加本次大会，在促进职工技能进步、提高职工的创新精神方面有哪些好的建议。

匙涛：我有三个方面的感受。第一个是更加注重基层一线。从这次大国工匠创新交流大会的成果展示情况来看，很多都是在一线发现问题、解决问题的过程当中产生的。第二个是更加注重打造平台载体。进一步打造创新企业劳模和工匠人才创新工作室，为广大职工创新创效提供更好的平台载体。第三个是更加注重职工创新成果的孵化、转化。通过这次大国工匠创新交流大会，我们

发现创新成果只有转化为现实的生产力，才能够产生社会价值和经济效益。基于这三点，我们将进一步加大工作力度，推动工作高质量发展，为中国式现代化建设作出新的更大贡献。

杨进余： 通过参加这次大会，我深刻地感受到工会工作大有可为，工会要大力弘扬劳模精神、劳动精神、工匠精神，以劳模精神服务劳模，以劳动精神创新劳动，以工匠精神培育工匠，要用实实在在的行动，为社会的高质量发展作出工会应有的贡献。

贺娟： 通过参加这次大会，我们看到各省的展馆特别有感触，其他省的创新特色和亮点让人茅塞顿开。陕西是国防大省、军工大省，在国有企业的创新创效方面，可以在智能制造这个点上继续加强工作。

肆

呈现：

工匠之夜群英会

工匠之夜

第一夜

追光而行

在制造业中，航天、铁路、汽车、冶金、电力、基建是国之重器密集的领域，大国工匠层出不穷，正是他们不懈地追光而行，才有了我们今天上九天揽月、下五洋捉鳖的骄傲与自豪。今夜，我们将镜头聚焦于工匠们“精于工、匠于心、品于行、创于新”的工匠精神。

国人为之骄傲的北斗导航、嫦娥探月、载人航天等大国重器的背后，有许多像高凤林一样的大国工匠。他们是我们航天事业发展的助推器。同样，中国之所以拥有世界上运行线路最长的快速铁路网，是因为在和谐号、复兴号列车的背后，有一批批大国工匠作为中国铁路事业的引航者。

航天工匠

高凤林	王曙群	洪海涛	李　峰
方文墨	龙建军	胡双钱	刘湘宾
曹彦生	毛腊生	李世峰	秦世俊
周琦炜	洪家光	崔　蕴	宋华辉
邹　峰			

铁路工匠

巨晓林	罗昭强	刘云清	李万君
张如意	李　刚	彭祥华	宁允展
毛正石	母永奇	罗　浩	张海波

航天工匠

高凤林

金手天焊

中国航天科技集团有限公司第一研究院 211 厂航天特种熔融焊接工，“高凤林班组”班组长，首席技能专家，中华全国总工会兼职副主席，曾获“全国劳动模范”“全国五一劳动奖章”“中华技能大奖”“首次月球探测工程突出贡献者”“中央国家机关十杰青年”“全国十大能工巧匠”“中国质量奖”“全国国防科技工业系统劳动模范”等荣誉和称号，享受国务院政府特殊津贴。“长三甲”系列运载火箭的发动机、“长征五号”运载火箭的第一颗“心脏”——氢氧发动机都经高凤林的手诞生。他先后为 90 多发火箭焊接过发动机，占我国火箭发射总数的近四成；先后攻克了航天焊接难题 200 多项，为 16 个国家和地区参与的国际项目攻坚。

大国工匠视频

航天工匠

王曙群

追天揽月

上海航天设备制造总厂有限公司导弹总体装配工，中国唯一的空间对接机构总装组班组长，航天八院工会及上海市总工会兼职副主席，曾获“国家科学技术进步奖”二等奖、“全国劳动模范”、“中华技能大奖”等荣誉和称号，享受国务院政府特殊津贴。王曙群参与完成对接机构的研制，从150万个数据中寻找线索，让“神舟”飞船航天器在太空中实现精准对接；参与“神舟八号”至“神舟十一号”“天宫”“天舟”等8次发射任务，圆满完成了13次交会对接任务；参与完成“嫦娥”工程的多种产品研制，保障了我国首次地外天体的巡视探测及首次月球土壤采样返回任务的圆满成功。

大国工匠视频

航天工匠

洪海涛

打磨星火

中国航天科工集团有限公司第六研究院内蒙古航天红岗机械有限公司车工，集团特级技师，曾获“全国技术能手”等荣誉。洪海涛在钛合金、超高强度钢、不锈钢等材料及薄壁件、细长轴、特种螺纹、多头蜗杆等零部件车削加工中有自己的绝活儿，独创了“全包覆软爪”和“特种材料加工技艺”。他领衔的创新工作室以科研生产任务为主线，着力解决生产中的瓶颈问题和技术难题，平均每年进行20余项技术革新和技术优化。

大国工匠视频

李峰

铣箭星河

中国航天科技集团有限公司第九研究院13所铣工，航天特级技师，曾获“全国技术能手”“中华技能大奖”“中央企业百名杰出工匠”“中央企业技术能手”等荣誉和称号，享受国务院政府特殊津贴。李峰一直从事运载火箭等核心产品的惯性导航系统的超精密加工工作。他先后突破了异型、薄壁、特种材料零部件超精密加工等150余项技术难题，有力保障了我国新一代运载火箭、载人航天工程、北斗导航系统等的研制生产任务的顺利完成，是名副其实为运载火箭打造“火眼金睛”的大国工匠。

大国工匠视频

航天工匠

方文墨

文墨精度

航空工业沈阳飞机工业（集团）有限公司钳工，高级技师，“方文墨班”班组长，曾获“全国五一劳动奖章”“辽宁省特等劳动模范”“全国技术能手”“最美职工”“中国青年五四奖章”“全国青年岗位能手”等荣誉和称号，享受国务院政府特殊津贴。方文墨秉承精益求精的工匠精神，创造的“0.00068 毫米加工公差”被称为“文墨精度”。他改进工艺方法 60 余项，申报技术革新项目 20 项，取得国家发明专利和实用新型专利 3 项。

大国工匠视频

航天工匠

龙建军

装配『猎鹰』

江西洪都航空工业股份有限公司飞机部装一厂飞机铆装钳工，高级技师，曾获“全国五一劳动奖章”“全国技术能手”“江西省劳动模范”“中华技能大奖”等荣誉和称号，享受国务院政府特殊津贴。龙建军通过自制和改进工装、工具、夹具等，开展了一系列创新创效活动，授权专利9项。作为飞机维修项目技能专家，龙建军攻克了“复杂座舱结构安装协调”“千余件铆钉原位拆除复装”等各类装配难题。他领衔的创新工作室以“典型技术装配问题研究”+“先进装配技术研究”为主攻方向，努力推进飞机铆接装配技术达到同行业领先水平。

大国工匠视频

胡双钱

航空手艺

中国商飞上海飞机制造有限公司数控机加车间钳工，曾获“全国劳动模范”“全国五一劳动奖章”“全国道德模范”“最美职工”等荣誉和称号。胡双钱先后参与“运-10”、麦道、ARJ21、C919等多个飞机型号项目的零件加工工作，其加工的数十万个零件无一次品，他也被誉为航空“手艺人”。他领衔的劳模和工匠人才创新工作室以民机制造项目为主体，定位于C919大型客机、ARJ21新支线飞机和转包项目（波音、空客）零件的技术创新、项目攻关等，先后攻克大型单面框类零件、工字梁系列零件等的加工技术难题，逐步形成民用航空零部件的核心加工能力。

大国工匠视频

刘湘宾

航天匠人

陕西航天时代导航设备有限公司数控铣工，高级技师，曾获“全国技术能手”“中国质量工匠”“陕西省劳动模范”等荣誉和称号，享受国务院政府特殊津贴。刘湘宾带领团队承担着国家防务装备惯性导航系统关键件、重要件的精密、超精密车铣加工任务，加工的惯性导航产品40余次应用于国家防务装备、载人航天工程、探月工程等大型飞行试验任务中，圆满完成“长征系列”火箭导航产品关键零件、卫星及“神舟十二号”载人飞船重要部件的生产任务。

大国工匠视频

曹彦生

精雕天翼

中国航天科工集团第二研究院 283 厂加工中心操作工，高级技师，高级工程师，曾获“全国技术能手”等荣誉，享受国务院政府特殊津贴。曹彦生首次将高速加工技术和多轴加工技术相结合，发明的“高效圆弧面加工法”曾获国家发明专利和实用新型专利。他提出的多项新型加工理念让蜂窝材料、铝基碳化硅复合材料等新材料的加工瓶颈问题迎刃而解，为航天装备新材料的选用提供了有力保障。

大国工匠视频

航天工匠

毛腊生

『铸』衣导弹

中国航天科工集团第十研究院贵州航天风华精密设备有限公司铸造工，有色合金铸造高级技师，曾获“全国劳动模范”“全国技术能手”“中华技能大奖”“全国道德模范”等荣誉和称号。毛腊生攻克了某重点型号导弹舱体铸造合格率低、超大型薄壁舱体关键部位难以成型等多项难题，并主持完成了“无毒型砂”、多型号耐高温镁合金的实际运用等研制任务，其中10余项课题（项目）处于国内行业领先水平。他参与生产的系列型号导弹4次在国家的阅兵仪式中亮相。

大国工匠视频

航天工匠

李世峰

锤炼战机

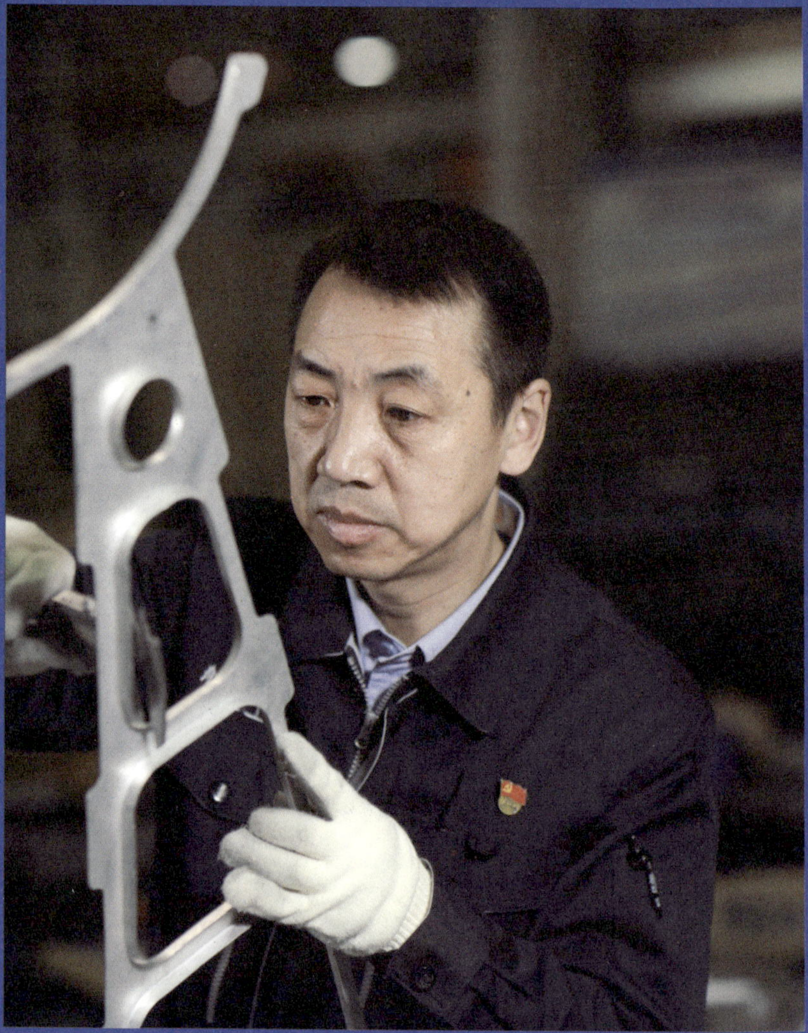

中航西安飞机工业集团股份有限公司飞机钣金工，高级技师，曾获“中华技能大奖”“全国技术能手”“陕西省劳动模范”“中央企业百名杰出工匠”等荣誉和称号，是航空工业飞机钣金工首席技能专家，享受国务院政府特殊津贴。李世峰在钛合金废品改造、板材冷成型应用研究、飞机现场排故等诸多方面创新了许多工艺方法。以他的名字命名的创新工作室成立于2015年，是具有飞机钣金科研攻关、技能传承、人才培养“三位一体”功能的重要平台。

大国工匠视频

航天工匠

秦世俊 『铣』上云霄

哈尔滨飞机工业集团有限责任公司数控铣工，中航工业数控铣工首席技能专家，曾获“全国劳动模范”“全国五一劳动奖章”“全国技术能手”“全国青年岗位能手”“全国优秀共青团员”“黑龙江省劳动模范”“黑龙江省五一劳动奖章”“龙江工匠”“黑龙江省技术能手”“黑龙江省青年岗位能手”等荣誉和称号。

大国工匠视频

航天工匠

周琦炜

航电妙手

中国商飞上海飞机制造有限公司飞机装配工。周琦炜专注航电系统线缆敷设领域，努力实现“线束敷设导通零故障，试验精准无误差”的目标。C919 项目启动以来，周琦炜顺利完成六架试飞机和两架批产机的电气系统安装任务。由他牵头制定的《连接器端接组装标准工作法》《电气穿墙件安装标准工作法》等十余部标准作业法，弥补了国内喷气式飞机、电气系统安装调试实操的空白，他也被称作“C919 血管神经系统的建造师”。

大国工匠视频

航天工匠

洪家光

车刀铸羽

中国航发沈阳黎明航空发动机有限责任公司工装制造厂制造工程师，曾获“全国劳动模范”、“中华技能大奖”、“国家科学技术进步奖”二等奖、“全国创新争先奖状”、“最美职工”等荣誉和称号，享受国务院政府特殊津贴。洪家光多次参与辽宁舰舰载机等多项国家重点航空发动机科研项目，拥有 7 项国家发明专利和实用新型专利。他攻克了金刚石滚轮成型面加工难题。作为“洪家光技能大师工作室”的领衔人，他带领团队完成了 35 项创新项目和 53 项攻关项目。

大国工匠视频

航天工匠

崔蕴

毕生铸箭

天津航天长征火箭制造有限公司总装车间火箭总体装配工，曾获“全国劳动模范”“全国五一劳动奖章”“全国技术能手”“中国质量工匠”“‘长征五号’运载火箭首次飞行任务突出贡献者”等荣誉和称号。作为中国新一代运载火箭“总装第一人”、天津市“先进制造基地”的旗帜人物，崔蕴在我国新一代运载火箭“长征五号”“长征七号”“长征八号”等型号的研制过程中，发挥了中流砥柱的作用，为这些型号的首飞成功以及中国航天登月返回、火星探测、空间站建设等重点工程的实施立下了汗马功劳，为加快航天强国、制造强国建设作出重要贡献。

大国工匠视频

宋华辉：笑看风云

上海卫星装备研究所卫星结构装配主岗，全国技术能手、全国青年岗位能手、“上海市五一劳动奖章”获得者，上海工匠。宋华辉担任上海航天局技师创新工作室负责人，长期从事航天器结构的高精度高稳定装配及修整技术研究。其领衔的工作室的研究方向为复合材料桁架高精度装配、蜂窝板快速制备、卫星结构的高精度高稳定度装配、弱刚性星体结构的高稳定切削及先进精度测量技术等。

邹峰：雕精刻微

中国航天三江集团红林探控有限公司数控车工，“全国五一劳动奖章”获得者、全国技术能手、荆楚工匠。刀具是数控车床的核心工具，数控刀具型号多达 2.7 万余种，邹峰只要一看刀具型号，就能知道它的性能参数及加工范围，被同事们誉为“活刀谱”。邹峰参与了 20 多种航天产品的加工制造，发表 20 多篇技术成果论文。公司成立了以邹峰名字命名的全国示范性劳模和工匠人才创新工作室。

铁路工匠

巨晓林

工人导师

巨晓林，中国中铁电气化局一公司高铁分公司技术员、工匠技师，全国总工会兼职副主席、国家监察委特约监察员，曾获“全国五一劳动奖章”“中华技能大奖”“中央企业优秀共产党员”“火车头奖章”“全国创先争优优秀共产党员”“全国劳动模范”等荣誉和称号。从一名普通农民工成长为知识型企业职工的优秀代表、大国工匠，巨晓林用拼搏和汗水谱写了人生的精彩华章。他先后参加大秦线、京郑线、京沪线、京秦线、哈大线、石太线等几十项国家铁路重点工程建设。他主编的《接触网施工经验和方法》，被配发给数千名接触网工作者作为工具书。

大国工匠视频

铁路工匠

罗昭强

高铁『螺钉』

中车长春轨道客车股份有限公司高速动车组制造中心调试车间高级诊断组工人，高级技师，正高级工程师，曾获“全国劳动模范”“全国五一劳动奖章”“全国优秀共产党员”等荣誉和称号。罗昭强率领团队先后完成“复兴号”中国标准动车组、京张智能高铁等国家和企业重点项目的试制和调试攻关工作，创新数十项调试方法，保证了动车组“零故障”出厂。他先后完成“五小”成果和攻关项目200余项。

大国工匠视频

刘云清

技改大王

中车戚墅堰机车车辆工艺研究所有限公司首席技能专家，曾获“全国劳动模范”“全国五一劳动奖章”“中国质量工匠”等荣誉和称号，享受国务院政府特殊津贴。刘云清是智能装备的领军研发人员，获得了数十项科研成果、2 项发明专利。他主持研制的高速浮动式 HM 系列数控珩磨机，各项性能均远超国外同类设备，且制造成本仅为进口设备的四分之一，填补了国内空白，先后获“江苏省职工十大科技创新成果”“江苏省科学技术奖”“全国职工优秀技术创新成果”等荣誉，他也成为众人公认的“技改大王”。

大国工匠视频

铁路工匠

李万君

焊梦「复兴」

中车长春轨道客车股份有限公司电焊工，高级技师，吉林省总工会副主席（兼），曾获“全国劳动模范”“全国优秀共产党员”“中华技能大奖”等荣誉和称号。李万君积极研发在国内尚处空白状态的几十种高速车、铁路客车、城铁车转向架的焊接规范及操作方法，先后进行技术攻关100余项，其中21项获国家专利，研发的“氩弧半自动管管焊操作法”填补了我国氩弧焊焊接转向架环口的空白。李万君大师工作室自成立以来，完成技术攻关项目150多项，获得国家、省、市级创新成果奖12项，拥有国家专利35项。

大国工匠视频

张如意

机车神医

中车大连机车车辆有限公司机车分厂机车电工，高级技师，曾获“全国五一劳动奖章”“全国职工职业道德建设标兵”等荣誉和称号，享受国务院政府特殊津贴。张如意累计调试机车 1000 余台，担当了大部分新产品机车的首台调试任务，实现调试的机车 100% 质量“零缺陷”，成功完成机车排障任务上万次。他参与了国家重点项目川藏“复兴号双能源”集中动力动车组和中老铁路动车组的首台机车调试工作。

大国工匠视频

铁路工匠

李刚

盾构『刀手』

中铁装备集团盾构公司设备物资部盾构机电气操盘手，特级技师，享受国务院政府特殊津贴。李刚是目前国内顶尖的盾构机电气操盘手。从参与“国家高技术研究发展计划”（863 计划），研制首台国产复合式盾构机开始，李刚带领团队先后完成数百台（套）盾构机的电气系统研制生产任务。他先后研发制造的液压传感器等设备，不仅打破了国外的技术垄断，其性能水平也跃居世界第一。

大国工匠视频

铁路工匠

彭祥华

爆破奇功

中铁二局集团有限公司二公司技术中心专家，隧道爆破技师，曾获“全路火车头奖章”“四川工匠”“四川省五一劳动奖章”“全国五一劳动奖章”等荣誉和称号。彭祥华曾参建川藏铁路拉林段等，先后掌握了隧道开挖爆破技术、隧道施工软岩大变形施工关键技术；对二衬台车横撑进行优化，采用预埋钢构件结合环链葫芦斜拉代替台车横撑；使用导爆索，对孔眼间距严格把控，实现了千枚岩层中的光面爆破效果，提高了炮眼残留率。

大国工匠视频

铁路工匠

宁允展

磨界匠人

中车青岛四方机车车辆股份有限公司钳工，高级技师，中车首席技能专家，曾获“全国五一劳动奖章”“全国道德模范”“最美职工”“全国职工职业道德建设标兵”等荣誉和称号。宁允展是中国第一位掌握高铁列车转向架“定位臂”研磨绝技的工人。就“定位臂”研磨而言，他是目前国内唯一一位能够在 0.05 毫米的研磨空间里进行打磨作业的人，被誉为高铁首席研磨师。他先后完成公司攻关革新项目 40 余项，获得国家发明专利 16 项。

大国工匠视频

毛正石

炉边铁汉

中车大连机车车辆有限公司铸造工，中车首席技能专家，曾获“全国劳动模范”“全国五一劳动奖章”“全国技术能手”“中国质量工匠”等荣誉和称号，享受国务院政府特殊津贴。毛正石创造出了“整铸机体预埋芯撑浇注操作法”，解决了过去内燃机体油道壁厚不均匀和试压时渗漏的问题，为批量生产柴油机整铸机体奠定了基础。他在8缸机体上运用了世界先进的无冒口铸造技术。以他的名字命名的创新工作室全面负责车间技术工作，共获得省部级科技奖3项、全国技术创新成果1项，完成创新项目226项。

大国工匠视频

母永奇

掘进之道

中国中铁隧道局集团盾构操作工，曾获“全国五一劳动奖章”“中国青年五四奖章”“全国技术能手”“全国青年岗位能手”“中原大工匠”“西藏工匠”等荣誉和称号。母永奇先后参与深圳春风隧道、珠海隧道、色季拉山隧道等长大隧道掘进施工，驾驶盾构机40000小时，是国内少有的全面掌握隧道施工主流盾构机型的专家人才。母永奇牵头组建创新工作室，完成40多项攻关课题，10余项发明专利，使我国盾构掘进相关技术跃入国际领跑行列。

大国工匠视频

罗浩："驯龙"高手

中铁七局三公司盾构分公司盾构机械操作工，"河南省五一劳动奖章"获得者、中原大工匠。罗浩围绕盾构机已取得 3 项实用新型专利，撰写《盾构机到达使用年限后的升级改造技术研究》，成果处于国内领先水平，完成盾构机延寿任务。

张海波：信号工匠

中国铁路兰州局集团有限公司银川电务段平凉信号车间信号工，高级技师，全国技术能手、全路新长征突击手、全路火车头奖章、全国青年岗位能手、全路首席技师、铁路工匠、陇原工匠。张海波从一名普通的铁路信号工成长为拥有以他的名字命名的国家级技能大师工作室的技术能手。

>>>>>>>>>>>>>>>>>>>>>>>>>>>>>>>>>>>

从以知识为支撑的第一代人工智能的出现，到以数据为支撑的第二代人工智能的应用，再到以“知识＋数据”的算法为支撑的第三代人工智能的问世，数字化转型势如破竹。如今，由数字支撑的智能化，包括人工智能的发展，已经嵌入人们生活和工作的方方面面。数字制造贯穿中国制造推进的始终，数字制造需要数字工匠的引领与支持。

数字工匠

何小虎	孟　维	顾秋亮	周　皓
阎　敏	胡　胜	徐维贵	陈　亮
胡明华	张　卫	王清明	陈建林
张　勇	何　波	方逸洲	李冰寒
王建明	黄晓明	潘桂新	荣卫民

数字工匠

何小虎

钻刻箭心

中国航天科技集团有限公司第六研究院西安航天发动机有限公司数控车工，曾获“全国五一劳动奖章”“中国青年五四奖章”“全国技术能手”“全国青年岗位能手、航天贡献奖”等荣誉和称号。何小虎主要从事各型号液体火箭发动机涡轮泵、燃烧室等关键零部件的生产加工，参与完成了探月工程、载人航天工程等任务，先后攻克多个技术难题，被称为液体火箭心脏“钻刻师”。

大国工匠视频

数字工匠

孟维

精雕重器

徐工集团徐州重型机械有限公司数控车工，曾获“全国技术能手”“江苏省五一劳动奖章”“江苏大工匠”“江苏省企业首席技师”“江苏省有突出贡献中青年专家”等荣誉和称号。孟维发明了“孟维滑轮操作法”“G1代起重机中心回转体套筒加工法”等177项先进数控加工方法，9次荣获全国QC成果一等奖，在数控加工、刀具应用、数控机床维修等领域，在中国工程机械核心零部件加工领域形成了具有自主产权的核心技术优势，成为大国重器精密部件的“雕刻师”。

大国工匠视频

数字工匠

顾秋亮

『两丝』钳工

中国船舶重工集团公司第七〇二研究所水下工程研究开发部钳工，“蛟龙”号载人潜水器首席装配钳工技师。顾秋亮凭借加工精度到丝级的手艺，为海底的探索者安装特殊的“眼睛”。他安装的“眼睛”可以承受海底每平方米数千吨的压力，让载人潜水器在无边黑暗中目光如炬。他被任命为7000米级潜水器“蛟龙”号的装配组组长。

大国工匠视频

数字工匠

周皓

筑梦『深海』

中国科学院深海科学与工程研究所钳工，高级技师，曾获“全国劳动模范”“全国五一劳动奖章”“全国技术能手”“中华技能大奖”“全国青年岗位能手”“中国青年五四奖章”等荣誉和称号，享受国务院政府特殊津贴。周皓解决多个重点型号深海科研装备研制中的技术难题 198 项，针对海试需要对科考装备进行合理升级改造 86 项，助力我国自主研发的科研装备赶超国际先进标准。他带领创新工作室成员解决深海科研装备关键技术难题 236 项，使我国自主研发制造的深海科研装备创造了多项国内、国际“第一”。

大国工匠视频

数字工匠

阎敏

主刀『咽喉』

中国航天科工集团航天三江江北公司数控车工，曾获“中国航天科工优秀共产党员”“航天技术能手”“湖北省技术能手”“湖北省五一劳动奖章”“全国技术能手”“全国五一劳动奖章”“中华技能大奖”“全国劳动模范”“湖北工匠”等荣誉和称号。阎敏长期承担着航天型号产品关键件、新型号产品的首件加工任务，总结了一套复合材料异型曲面加工技术，突破了数控车床加工 0.02 毫米的加工精度，并且创下了 0.005 毫米的极值。

大国工匠视频

胡胜 『金』工细作

中国电子科技集团有限公司第十四研究所数控车工，高级技师，曾获“全国五一劳动奖章”“全国技术能手”“中华技能大奖”等荣誉和称号，享受国务院政府特殊津贴。胡胜先后承担多项国家重点项目数控产品的加工工作，突破毫米波雷达波纹管一次车削成型、雷达反射面变形等关键技术。他组织开展技术攻关，先后破解狭小空间加工、高精度薄壁零件加工等30多项技术难题；注重开展“QC”革新、“五小”创新等活动，先后组织完成技术革新、合理化建议、“QC”成果150多项。

大国工匠视频

徐维贵：“维”以技贵

富士康科技集团鸿准精密模具（昆山）有限公司产品制程技术课长，全国劳动模范、全国技术能手。徐维贵主要从事模具加工行业，先后经历模具制作等多岗位的锻炼，编写推广数控宏程序培训教程，个人及团队荣获专利 30 余项，并成立以他名字命名的江苏省技能大师工作室和苏州技能大师工作室，开展职业技能等级培训。

陈亮：淬炼“微米”

江苏省无锡微研股份有限公司加工中心副班长，“全国五一劳动奖章”获得者、全国技术能手、全国最美职工。陈亮作为一名新时代的精密模具工，拿手绝活儿就是把模具精度控制在一微米，攻克电子枪模具高精度定位削铣磨复合加工工艺等多项行业技术难题，获得“中国机械工业科学技术奖”、中国模协“精模奖”一等奖等。

胡明华：数控神医

四川工程职业技术学院智能控制研究所副所长、高级实验师，四川省“技能人才培育突出贡献奖”获得者。胡明华在高端数控设备的控制部件板级维修方面具有自己独特的技术特长，成功修复中国二重 8 万吨模锻压机的关键驱动部件、中科院成都光电所瑞士 DIXI JIG1200 高精密数控机床主轴驱动系统等，共获得 14 项国家发明专利。

张卫：航修卫国

中国人民解放军第五七二〇工厂数控编程技术员，“安徽省五一劳动奖章”获得者、安徽省青年岗位能手、安徽工匠 2021 年度人物。他发明的精加工“三步加工”操作法，统一了产品的加工质量标准，有效提升产品合格率并稳定在 99.6% 以上。他自创的加强角盒精加工“三步加工”法一直运用至今。

王清明：“芯”有清明

广东鑫源恒业复合材料科技有限公司总工程师、副总经理，“广东省五一劳动奖章”获得者。王清明一直以工匠精神全身心扑在绞合型碳纤维导线的研究中。他带领团队突破国外技术封锁，研发了全球性能最优的绞合式碳纤维导线，打破了绞合型碳纤维复合芯生产的国外垄断，填补了国内外空白。

陈建林：点亮“骄阳”

中国科学院合肥物质科学研究院等离子体研究所聚能公司装配钳工，安徽工匠 2021 年度人物。陈建林先后参与了全超导托卡马克实验装置 EAST、稳态强磁场实验装置、高能同步辐射光源、中国散裂中子源、国际热核聚变反应堆计划（ITER）等十余项国内外重大科学工程核心部件及系统的总装调试工作，获国家专利 7 项。

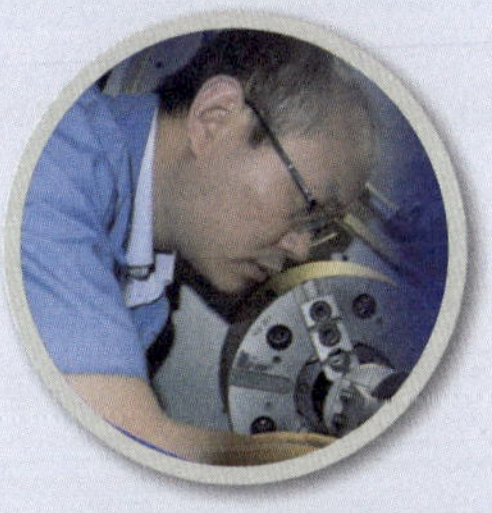

张勇：“蛋壳”舞者

兰州空间技术物理研究所数控车工高级技师，集团公司青年岗位能手、甘肃省青年技术能手、甘肃省青年岗位能手、陇原工匠。张勇精通数控加工技术，能够将业内公认最难加工的钛合金材料车削至“鸡蛋壳”一样薄。他带领的团队研发创新成果 10 余项，为国防军工领域的产品研制作出了重要贡献。

何波：数控刀客

中国电子科技集团公司第二十九研究所技术组组长，高级技师，全国技术能手、“中华技能大奖”获得者、成都市劳动模范，享受国务院政府特殊津贴。何波精通数控加工技术，先后开展技术攻关和技术革新 280 余项，获国家专利 12 项，攻克预警机、北斗卫星等多个国家重点型号研制中的精密制造瓶颈问题。

方逸洲：数字哨兵

上海仪电（集团）有限公司中央研究院技术总监，上海智慧城市“智慧工匠”，AIoT（人工智能＋物联网）的领军人物。方逸洲将人工智能应用到金融领域和工业互联网领域，其自主研发全国产化的数十款产品，形成了覆盖工业制造主要链路的“工业数字底座系统”，规模应用于近20家全球工业巨头。

李冰寒：一“芯”一意

华虹宏力半导体制造有限公司技术研发部部长，上海青年科技英才，曾获上海市科技进步奖一、二等奖。李冰寒先后负责开发0.18、0.13微米嵌入式闪存平台，在器件结构、器件工艺等方面实现全面创新，均达到同期国际先进水平、国内领先水平，累计晶圆出货量已超过50万片，应用于各种智能卡、微处理器、智能电表等。

王建明：动漫创客

杭州炽龙科技有限公司创始人，“全国五一劳动奖章”获得者、全国技术能手、杭州工匠。王建明从事动漫制作近十年，参与制作的动漫项目《秦时明月》系列、《天行九歌》系列等作品获得杭州国际动漫节比赛大奖，在2015年全国职工职业技能大赛动画绘制员赛项中获得冠军。

黄晓明：天线明星

中国联合网络通信有限公司广东省分公司电子技术高级工程师，南粤工匠、享受国务院政府特殊津贴。无线电专业毕业，喜欢搞技术研究的黄晓明一开始负责网络运营与维护，后来开发了一款性能优于国际同类产品的新型室内天线，获中国和美、德等六国专利授权。

潘桂新：5G 先锋

中国联合通信网络有限公司广东省分公司 5G 创新运营办公室教授级高级工程师，南粤工匠。潘桂新牵头完成了“全球首个 5G 通话”等多个全国首次的技术创新。在行业内率先创建物联网开放实验室，在通信系统内率先成立“5G 创新应用实验室”。他曾获中国通信学会科学技术奖一等奖、广东省科学技术奖二等奖。

荣卫民：IT 精英

兰州西固热电有限责任公司信息中心高级企业信息管理师，全国技术能手、“甘肃省五一劳动奖章”获得者、陇原工匠。荣卫民参加了全国第三届残疾人职业技能竞赛，获得计算机调试工项目竞赛第一名。他代表中国参加了在日本举行的第七届国际残疾人职业技能竞赛，获得第六名。

>>>>>>>>>>>>>>>>>>>>>>>>>>>>>>>>

七十年前，中国人造自己汽车的愿望从梦想照进了现实，新中国汽车工业由此展开。第一辆汽车，第一辆东风牌小轿车，第一辆红旗牌高级轿车……一汽开创了新中国汽车工业从无到有的新纪元。如今，以李凯军为代表的新时代汽车冶金行业的工匠们，坚守在自己的岗位上，一锉、一削、一磨、一抛，一晃近三十年，他们值得我们竖起一个大拇指点赞。

汽车工匠

李凯军　郑志明　赵　郁　薛　峰
刘　辉　李春呈　杨　军　郑世卿
王学勇　郭迎亮　雍　宁　费少标
王光挣　吴国林　高孔长　张　赫

冶金工匠

潘从明　刘伯鸣　杨金安　张　力
柴国梁　柳祥国　徐成东　周小明
张　贤　李　亚　冯　宇　吴建家
陈　科

汽车工匠

李凯军

指寸锉金

中国第一汽车集团有限公司铸造公司模具钳工，高级技师，曾获“中华技能大奖”“全国高技能人才十大楷模”“全国五一劳动奖章”“全国劳动模范”“2019 年大国工匠年度人物”等荣誉和称号。李凯军完成了“三车一机”“五车一机”“红旗工程”等繁重的压铸模具制造任务，先后获得集团、市、省、国家级技能大赛荣誉 16 项。他先后承担并完成了“小红旗”车转向柱支架，“奔腾”车缸体、缸盖，“红旗”车变速箱前壳等几十套关键自主模具的钳工制造任务，为一汽自主品牌的快速发展提供了核心模具支撑。

大国工匠视频

汽车工匠

郑志明

汽车智匠

广西汽车集团有限公司钳工，全国劳动模范、“全国五一劳动奖章”获得者、全国技术能手、广西劳模、广西工匠、“广西壮族自治区五一劳动奖章”获得者。郑志明的手工锉削可将零件尺寸控制在 0.003mm 以内，钻孔孔位误差可控制在 0.05mm 以内，设备导轨安装面经手工修磨后平行度误差可以控制在 0.005mm 以内，设备同轴度、平行度等精密调整均可以控制在 0.005mm 以内。他带领国家级技能大师工作室团队，完成创新项目 1100 项，交付自动化工艺装备 2190 台（套）。

大国工匠视频

赵郁："把脉"汽车

北京奔驰汽车有限公司总装一工厂首席技师，全国劳动模范、全国技术能手、北京大工匠，2018 年当选第十三届全国人大代表，享受国务院政府特殊津贴。在赵郁的带领下，工作室共计完成攻关项目 90 余项，技术创新获奖 10 余项。赵郁所教授的 120 余名徒弟中，19 人晋升为高级技师、55 人成为技师。

薛峰：精工匠魂

上汽通用汽车市场营销售后技术部资深汽车维修专家，中国汽车维修行业协会技标委副主任委员。曾获得"全国首届汽车装调工职业技能大赛冠军""全国技术能手""上海市企业优秀学习型员工"等荣誉和称号。薛峰熟悉各类汽车的维修技术，善于分析解决汽车的各类疑难故障和总装车间各类质量问题，并持续改进。在全国中职汽车运用与维修大赛、全国交通行业职业技能大赛中，担任汽车维修的命题工作和裁判长。

刘辉：全能钳工

江铃汽车股份有限公司冲压厂三车间党支部书记、模具钳工首席技师，全国劳动模范、全国技术能手。刘辉凭借手指触摸就能感觉到 0.02 毫米的细微尺寸变化，被大家赋予"一测准"美誉。同时，他还利用自己精湛的技能跨专业抢修大型设备故障。

李春呈：技术状元

陕西汽车控股集团汉德车桥有限公司桥一厂维修钳工，高级技师，曾获"陕西省技术状元""陕汽控股劳动模范""潍柴动力十大工匠""宝鸡工匠"等荣誉和称号。李春呈创新工作室先后获得陕汽控股集团级创新工作室、宝鸡市劳模和工匠人才创新工作室、陕汽控股示范性职工创新工作室等多项荣誉，累计完成改善创新项目 139 项，获得国家级发明专利 2 项。

杨军："东风"工匠

东风公司技术中心首席工种师，高级技师，曾获"全国技术能手""武汉市五一劳动奖章""湖北省荆楚工匠""湖北省首席技师"等荣誉和称号。杨军扎根在发动机事业研发一线整整29年。2017年公司工会以他的名字成立了劳模创新工作室，带领一大批既有过硬专业技能又具备工匠精神的优秀职工逐渐成长起来。

郑世卿：车饰高手

广汽本田汽车有限公司生产本部二工厂焊装管理科技术系系长。郑世卿充分发挥自身清华博士毕业的专业技术特长，主导的"超高速智能激光焊接技术的研究及其在车身制造的应用"项目在QCD领域在行业内都达到领先水平，获授权PCT国际专利1项，中国发明专利5项，实用新型专利1项。

王学勇：诊车金耳

奇瑞汽车股份有限公司汽车装调工，"全国五一劳动奖章"获得者、全国最美职工、全国青年岗位能手标兵，享受国务院政府特殊津贴。王学勇练就了能够根据车辆运行异响"听声诊断"的"金耳朵"、能够迅速排查出隐藏问题的"火眼金睛"。他牵头建立技能大师工作室，培养中、高级技能人才400余名，其中高级技能人才78人。

郭迎亮：惜物高手

华晨宝马汽车有限公司冲压车间模具维修经理。曾获"沈阳市劳动模范"荣誉称号。郭迎亮工作室成立之后，他带领团队成员开展技术攻关，破解模具维修技术难点，先后取得3项发明专利、5项技术创新。郭迎亮带领冲压车间模具维修团队，从管理角度科学合理分配工作任务，根据实际情况设定指标，在人员方面不断提高模具维修工的个人技能。

雍宁：赋能机甲

南京依维柯第二车身厂焊装车间维修电工，全国劳动模范、“全国五一劳动奖章”获得者、全国技术能手，享受国务院政府特殊津贴。雍宁领衔完成的技术开发、生产线改造、进口设备国产化、流水线编程、修旧利废等项目近 300 项，为自主开发生产车身自动化控制程序作出重要贡献。

费少标：汽修之星

浙江陆虎汽车有限公司一线员工，全国优秀农民工、浙江省劳动模范、浙江省职业技能带头人、浙江省杰出职工“银锤奖”获得者。费少标参与过各项工装、夹具等多项技术性的改进工作，陆续参与发动机分装线改造、仪表台分装线改造、前后桥装配改造及新车型货架设计制作等项目，获得国家新型专利 8 项。

王光挣：圣手模师

浙江豪情汽车制造有限公司班组长，“全国五一劳动奖章”获得者、全国机械工业“技能标兵”。全国模具工大赛中的工差要求是 0.02 毫米以内，而王光挣却以“0.01 毫米”极高的精准度一举夺魁，并被授予全国机械工业技能标兵的称号。车间成立了“王光挣技能大师工作室”等班组，主要负责解决生产中的各种疑难问题，为企业培养高技能人才。

吴国林：磨出本事

杭州汽轮机股份有限公司高级技师，全国劳动模范、全国技术能手，享受国务院政府特殊津贴。吴国林是掌握我国高端工业驱动汽轮机组装配及调试、试车核心技术的领军人才。他用一根听棒、一枚硬币就能诊断出机器故障，他拥有以自己名字命名的国家级大师工作室，他是“快装台位法”的创造者。

高孔长：汽车匠人

福建新龙马汽车股份有限公司生产部副部长、首席技师，全国劳动模范，2020 八闽工匠年度人物，享受国务院政府特殊津贴。从学徒工到生产部副部长，高孔长喜欢“扎”在车间里，熟知现代化汽车涂装车间的每个生产环节，是公认的车间运行问题的专业“医生”。他带领团队推动完成课题攻关项目 105 项，推动公司涂装成品质量跻身国内先进水平。

张赫：装调奇才

河北长安汽车有限公司总装一车间汽车调试工，兵装集团技能带头人，“全国五一劳动奖章”获得者、全国技术能手、河北大工匠，享受国务院政府特殊津贴。张赫创新发明多项汽车问题诊断法，并自创编制“张赫调整法”，确保河北省汽车产业战略产品新长安之星微客成功量产上市。

潘从明

滴水掘金

金川集团铜业有限公司贵金属冶炼分厂提纯工序长，贵金属冶炼高级技师，有色冶金正高级工程师，曾获“全国劳动模范”“全国五一劳动奖章”“全国技术能手”“中国质量工匠”“最美职工”等荣誉和称号。潘从明能从铜镍冶炼“废渣”中同时提取8种以上贵金属，仅凭溶液颜色就能准确判断产品的纯度。他荣获“国家科学技术进步奖”二等奖，他领衔的劳模和工匠人才创新工作室近3年完成创新成果328项，获国家级及省部级以上奖励13项，获得专利30项。

大国工匠视频

冶金工匠

刘伯鸣

锻造匠人

中国一重集团有限公司锻造工，曾获“全国劳动模范”“全国技术能手”“中央企业百名杰出工匠”等荣誉和称号，享受国务院政府特殊津贴。刘伯鸣独创40种锻造方法，先后攻克核电、石化等领域的产品锻造工艺难关90余项，填补了国内行业空白40多项。他完成了三代核电锥形筒体、世界最大的715吨核电常规岛转子等20余项核电锻件锻造任务，为提升我国超大型铸锻件极端制造的核心竞争力作出突出贡献。

大国工匠视频

冶金工匠

杨金安

泼钢识碳

中信重工机械股份有限公司冶炼车间 50T 电炉班班长，曾获“全国五一劳动奖章”等荣誉。杨金安带领班组成员扎实工作，克难攻关，先后破解了核电用钢、航空航天用钢、航母用钢等众多难题，打造出了世界上冶炼能力最强的炼钢系统，一举扭转了我国特种钢只能从国外进口的被动局面，为解决国家重点应用领域“卡脖子”技术难题、实现国家“双碳”目标作出突出贡献。

大国工匠视频

张力：硅钢管家

中国宝武武钢股份武汉钢铁有限公司硅钢部冶金电气工程师，全国技术能手、武汉市“大城工匠”。硅钢被誉为钢铁产业“皇冠上的明珠”，张力通过不断的学习积累，渐渐熟悉了各种设备疑难杂症的判断和处理方法，迅速成长为一名能够独当一面的技术人员，近年来累计主导和参与撰写 13 项技术专利并获国家授权认定。

柴国梁：点石成镍

金川集团股份有限公司镍冶炼厂镍电解工，高级技师，甘肃省技能大师、陇原工匠。柴国梁创新总结出“强化控制、稳定条件、细化操作、稳定高位、降低温度”镍净化先进操作法和“减少电解镍烧板烧角”操作法，使电解镍电能消耗大大降低。由他主创的高品质电解镍生产集成装置的创新与应用项目，打破了国外先进企业在中高端用镍市场的垄断。

柳祥国：用心创“锌”

株冶集团锌电解厂生产副厂长、高级技师，全国劳动模范、湖南省劳动模范。2010 年，以柳祥国的名字命名了“柳祥国‘四一’先进操作法”；2012 年，在低电流密度领域他总结归纳了“五步操作方法”，全年多生产析出锌 8400 多吨，“柳祥国阴阳极操作方法”和报废标准在八个生产工段推广应用，并取得了明显的效果。

徐成东：熔炉旋风

云南驰宏锌锗股份有限公司艾萨炉工序工序长，全国劳动模范、“全国五一劳动奖章”获得者、全国技术能手、云南省劳动模范。以徐成东名字命名的国家级技能大师工作室被评为全国示范性劳模创新工作室。徐成东开创了世界首座艾萨炼铅炉，协助攻克世界第一座艾萨炉铅冶炼难关，创造了 978 天炉龄的世界纪录，成为国际艾萨冶炼技术领跑者。

周小明：勇攀高峰

福建青拓特钢技术研究有限公司首席工程师，全国劳动模范。周小明带领团队攻坚克难，不断提升不锈钢铸坯品质。他经过 13 次试产，将世界首发不锈钢产品 QN1803 的铸坯表面全磨率由 100% 降至 10% 以下，攻克了“高氮钢连铸技术”这一世界性难题。

张贤：巧手轧钢

酒钢集团宏兴股份不锈钢分公司轧钢工，高级技师，甘肃省技术标兵、陇原工匠。2018 年，张贤潜心攻关，使得高强度超级奥氏体和高碳马氏体钢在酒钢诞生。张贤积极主持开展岗位创新项目“全流程宽度控制降低不锈钢产品切边损耗”，降低了冷轧实际切边量，创造了良好的经济效益。

李亚：焊花桂冠

云南建投钢结构股份有限公司高级技师，云南省劳动模范、“云南省五一劳动奖章”获得者、云南省技术状元、技能大师、云岭工匠、昆明市技术能手。李亚先后参与长水机场、滇池国际会展中心等多个重点项目的构件工作，获得国家实用新型专利 18 项。

冯宇：炼钢明星

湘钢转炉炼钢工首席技师，湘钢宽厚板厂炼钢总炉长，全国劳动模范、全国技术能手、湖南省劳动模范、湖南省技能大师。冯宇擅长转炉炼钢，挑战冶炼管线钢、高建筑钢、海工用钢、临氢钢等高附加值的精品钢种，产品主要用于高层建筑、核电、海洋平台、天然气项目、石油项目和能源储备战略等重要领域。

吴建家：钢花璀璨

福建三钢闽光股份有限公司炼钢厂一炼钢转炉车间值班主任，获得“金牌工人”“炼钢状元”“福建省技术能手”“全国技术能手”等荣誉和称号。吴建家经历了从学徒到炉前工、工段长、副炉长、炉长，直到车间值班主任的转变。吴建家班组创下了单产纪录第一、质量百分百、吨钢料耗最低、铁水耗最低、吨钢成本最低等多个“第一”，以出色的指标，成为炼钢标杆。

陈科：玩转钢铁

宝武集团广东韶关钢铁有限公司炼铁厂烧结维检作业区机械工程师，钳工高级技师，韶关工匠。陈科在 2019 年获得巴黎国际发明展银奖 1 项。他在 2018 年荣获宝武集团首届“宝武工匠（工人发明家）”和宝武集团创新“新人奖”；获得巴黎国际发明展铜奖 1 项；获得巴黎国际发明展银奖 2 项。由他牵头攻关的项目“降低烧结机设备故障的技术改造”将烧结机的有效作业率从 95.94% 提高到 97.02%，攻关项目产生 13 项专利技术。

>>>>>>>>>>>>>>>>>>>>>>>>>>>>>>>

温柔似水，心细如发，这是形容女性的赞美之词。巾帼不让须眉，红颜更胜儿郎，这是形容女性的赞歌。在工匠群体中，女性工匠让我们看到了她们的另一面。近十年来，中国女性在载人航天、深海探测、生命健康等重大领域的科技攻关前沿，在中国制造、创新创业、乡村振兴的主战场迸发出了前所未有的创造威力，书写着别开生面的巾帼新篇章。

巾帼工匠

刘　丽　易　冉　潘玉华　黄金娟

梅　琳　田得梅　孙红梅　姚启明

孙景南　汪愿涵　冯玉昭　王　莉

汪艳侠　周素静　呼丽萍　夏　洁

赵艳莉　何冬梅　夏　盛　张国美

刘克敏　何光华　白　羽　吴宝卿

巾帼工匠

刘丽

冠军教头

中国石油集团大庆油田采油工，曾获“全国劳动模范”“全国五一劳动奖章”“全国五一巾帼标兵”“全国技术能手”“中华技能大奖”“中国质量工匠”“最美职工”“中央企业百名杰出工匠”等荣誉和称号，享受国务院政府特殊津贴。刘丽积极开展岗位创新和技术研发，累计创造革新成果200多项，独创“高含水油井密封”等先进技术，解决油气生产领域难题300余项。

大国工匠视频

中国工匠

易冉

焊花青春

中车株洲车辆有限公司电焊工，高级技师，国际焊接技师，高级工程师，中车首席技能专家，曾获“全国劳动模范”“全国技术能手”“中国好人”等荣誉和称号。易冉经手的每条焊缝，优质率达到100%。从她手中交出的“中车制造”铁路新型货车超过8万辆。她参与行业焊接攻关试验项目100余项、新材料焊接工艺性及工艺评定试验60余项；完成我国重载高速铁路货车技术创新94项，转化成果86项。

大国工匠视频

巾帼工匠

潘玉华

军工绣娘

中国电子科技集团有限公司第二十九研究所无线电装接工，高级技师，曾获“全国五一劳动奖章”“全国技术能手”“全国五一巾帼标兵”“全国巾帼建功标兵”“中国质量奖”“中央企业百名杰出工匠”等荣誉和称号。潘玉华一直专注于无线电精密组装工作，手工焊接技术精湛，是微系统制造、电磁空间安全与防卫核心技术领域的高技能人才。她在设备应用与新功能开发、工装夹具开发制作、新工艺开发论证等方面作出了积极贡献；参与申请发明专利 7 项，开发工装夹具 20 多种。

大国工匠视频

黄金娟

检定一姐

国网浙江省电力有限公司营销服务中心高级技师、正高级工程师、首席技术专家，曾获“全国五一劳动奖章”“浙江省劳动模范”“全国技术能手”等荣誉和称号。黄金娟牵头研发了国内外首套电能表智能化计量检定系统，实现了电力计量检定技术的跨越式发展，该研发成果被推广到水表、燃气表等检定检测领域，应用推广到9个国家。她领衔的劳模和工匠人才创新工作室研发了国内外首套电能表智能化计量检定流水线，立项了国内首个IEC/TC13标准《电能表自动化试验系统（AMTS）》，累计获得“国家科学技术进步奖”二等奖1项、省部级科技奖励31项，取得发明专利130余项。

大国工匠视频

中帼工匠

梅 琳

千钧之力

中国葛洲坝集团机电建设有限公司白鹤滩机电项目部桥机班班组长，先后参加了三峡水电站、溪洛渡水电站、巴基斯坦 NJ 水电站、白鹤滩水电站等多座大中型水电站的机组安装和检修施工任务。梅琳常把装满水的桶当吊物，置于几十米高的桥机操作台，让桶中的水滴落到指定地点，练就了“稳、准、快”的操作技能。她开创“手感、声感”操作法，通过聆听抱闸打开的声音，同时将桥机操作杆迅速回零，精准微调肉眼难以观测的距离。

大国工匠视频

田得梅

天车玫瑰

田得梅，中国水利水电第四工程局有限公司机电安装分局桥式起重机司机，全国五一巾帼标兵岗、中国能源化学地质工会“大国工匠”、中国电建“电建工匠”、中国电建“起重机械操作专业特级技师”。田得梅曾参加拉西瓦、龙江、向家坝、万家寨、葛洲坝和白鹤滩等多个大中型水电站建设。在白鹤滩水电站建设中，从百万千瓦机组首台转子成功吊装，到左岸8台百万千瓦水轮发电机组全部并网投产发电，她带领天车班全体员工不断钻研改进吊装工艺，从几吨的零部件到两千多吨的转子，均实现操作零失误。

大国工匠视频

孙红梅

“焊”卫战鹰

高级工程师，中国人民解放军第五七一三工厂焊工，空军装备修理系统焊接技术委员会副主任，空军装备部首席技术专家，曾获“全国劳动模范”“全国五一劳动奖章”“全国五一巾帼标兵”等荣誉和称号。孙红梅带领团队开发、应用10余项行业内领先的核心修理技术，修竣多种型号航空发动机600余台，保障空军战训与飞行安全。她主持参与60余项科研项目，获军队科技进步奖一等奖1项、二等奖1项、三等奖4项，获国防发明专利7项。

大国工匠视频

姚启明：赛道倾情

同济大学建筑设计研究院（集团）有限公司汽车运动与安全研究中心主任，全国劳动模范、“全国五一劳动奖章”获得者、全国建设系统先进工作者。姚启明是全球 12 位赛道设计师中唯一的亚洲人，也是唯一一位女性赛道设计师，被称为“中国赛道设计第一人”的她，在 150 余个赛车场设计中创造了 30 余次“中国第一”和“世界第一”。

孙景南：焊火红颜

中车南京浦镇车辆有限公司车间电焊工，中华技能大奖获得者、“全国五一劳动奖章”获得者、全国技术能手、全国巾帼建功标兵。孙景南在我国 CRH6A、CRH2G、CRH6F、“复兴号”250 公里动车组、160 公里动力集中型动车组和 A 型地铁、B 型地铁、C 型地铁等 30 多个品种车辆研发、制造过程中，用技术攻关、绝招绝技、带徒传技和创新发明，为自己赢得了“女焊神”的美誉。

汪愿涵：心向九霄

中国电子科技集团公司第三十八研究所电子装联技工，全国技术能手、全国青年岗位能手、安徽工匠。汪愿涵在无线电装接领域精准掌握航空航天军工体系技术要点，其无线电装接技术处于行业内领先地位。她参与研制的相关项目已经成为星空中闪耀明“星”，成为我国航天产品生产的骨干力量。

冯玉昭：传感微焊

中国电子科技集团公司第四十八研究所特种传感器生产线线长、高级技工，中国电科 48 所焊接能手。冯玉昭的焊接技能得到了航天器件领域专家高度认可，经手的传感器达到 10 万支，没有一次差错，确保了神舟飞船、天宫和战斗机等多型航天航空重点传感器的质量要求。

王莉：心载铷钟

中科院武汉分院精密测量院铷原子频标研究组高级实验师，荆楚工匠。王莉所在的科研团队先后研制出三代星载铷原子钟，实现了我国星载铷原子钟技术从无到有、由有到强的跨越。目前，已有 60 多台星载铷原子钟装备到了北斗二号、北斗三号以及其他型号卫星。

汪艳侠：技术女侠

中国石油兰州石化公司合成橡胶厂丁腈二车间高级技师，全国劳动模范、“全国五一劳动奖章”获得者、陇原工匠。汪艳侠是丁腈橡胶领域的拔尖人才，有着过硬的锻造操作本领，攻克多项技术难题。2021 年她参与 3.5 万吨 / 年特种丁腈橡胶建设项目，被称为全身心扎根一线岗位的“技术女侠”。

周素静：足履风华

际华集团首席设计师、际华三五一五皮革皮鞋有限公司研发总监，全国五一巾帼标兵、轻工大国工匠、河南省技术能手。周素静特别专注于军用鞋靴领域的研究，已成为企业科技创新发展的领军人才，曾多次参与阅兵式等重大活动军靴的研发和设计。

呼丽萍：沃野育果

天水师范学院生物工程与技术学院研究员、甘肃省大樱桃技术创新中心主任，全国先进工作者、甘肃省先进工作者、甘肃省优秀女科技工作者、陇原工匠。呼丽萍先后研究发现了苹果霉心病等重要病虫在天水地区的发生规律，提出了有效防治技术措施。她主持和参与完成了国家、省、市等各级科技项目 30 多项，获甘肃省市级科技成果奖 20 多项。

夏洁：明鉴秋毫

云南云天化红磷化工有限公司质检分析技术专员，全国石油和化工行业优秀技能人才、云南省劳动模范、“云南省五一劳动奖章”获得者、云南省三八红旗手、云岭工匠。夏洁先后在磷铵、复肥等化验室工作，练就了娴熟的磷复肥分析技能，保证了分析准确率达到 100%。

赵艳莉：梦在田野

开封市农林科学研究院园林研究所所长，河南省学术技术带头人、河南省优秀科技特派员、开封市巾帼建功标兵。赵艳莉编写了《开封主要果树高效栽培》《开封菊花高效栽培》等八种农作物栽培技术手册。在开封市推广果树、菊花新品种百余个、新技术 10 个、新标准 4 个，示范推广面积达 3000 余亩。

何冬梅：锦绣未央

上海市浦东新区高桥镇文化服务中心绒绣师，上海市先进工作者、“上海市五一劳动奖章”获得者。何冬梅是国家级非物质文化遗产“上海绒绣”的区级传承人。

夏盛：盛夏光芒

上汽华域视觉的高级主任工程师，上海工匠。夏盛是智能车灯控制系统的开发者，也是全球汽车灯光控制系统里最顶尖的工程师之一。夏盛团队研发了自适应远光控制器，并开发出了国内首款自适应远光大灯，这款新技术受到了通用汽车全球项目的青睐。

张国美：飞天织女

浙江华昌纺织有限公司经编车间班组长，“全国五一劳动奖章”获得者、全国技术能手、全国纺织工业劳动模范、浙江工匠、浙江省青年岗位能手。2016 年，张国美参加全国纺织行业“润源杯”经编工职业技能竞赛，获得了全国穿纱单项冠军和总分第一名。

刘克敏：巾帼焊花

杭萧钢构焊接高级技师，全国五一巾帼标兵、全国技术能手、全国三八红旗手、浙江省劳动模范、杭州市最美工匠，享受国务院政府特殊津贴。刘克敏已参与杭萧在国内外建造的诸多大型钢结构工程，如杭州世纪中心、杭州国际博览中心、德国法兰克福空铁中心、广深港客运专线深圳北站等，通过练就一手在钢板上“绣花”的硬功夫，成为农民工中的“技术尖兵”。她也是“浙江省刘克敏技能大师工作室”领衔人。

何光华：灿若光华

国网江苏省电力有限公司无锡供电分公司电缆运检室主任兼党支部书记，全国劳动模范、“全国五一劳动奖章”获得者。何光华取得国家专利 40 余项、省部级及以上科技奖项 6 项，其中《高落差高压电缆线路无损施工技术创新及应用》荣获国家科学技术进步二等奖。

白羽：超级柜员

中国工商银行河南周口太康支行副行长，“全国金融五一劳动奖章”获得者、全国金融系统青年服务明星、工行总行大行工匠、工行总行级服务标兵、“周口市五一劳动奖章”获得者。

吴宝卿：整音巧匠

宜昌金宝乐器制造有限公司环高分公司整音质量专员、首席整音技师，国家资格认证三级高级技能调律师、荆楚工匠。一些特殊场合用的琴，全部是由吴宝卿亲自做的音色整理，像中央电视台用琴、人民大会堂用琴、深圳国际协奏曲比赛用琴、历届宜昌长江钢琴音乐节用琴等，全部出自吴宝卿之手。

>>>>>>>>>>>>>>>>>>>>>>>>>>>>>>>>>>

夜幕下的城市灯火璀璨，万家灯火的背后是电力工人的默默付出。为了保障人民群众的用电安全，电力行业的工匠们不辱使命，将普通工作当作竞技场，把活儿做到了极致。在推动中国高质量发展和技术创新的征途中，有像王进、冯新岩等一样的千千万万名电力职工们，守卫着华夏大地的光明。

电力工匠

王　进	冯新岩	张黎明	朱洪斌
陈　昊	陈德风	蔡朝东	马晓东
周乐超	钱金辉	徐仲维	崔建新
袁军芳	谢林江	李清东	吴　军
方春生	叶　莨	姜振军	白宏坤

电力工匠

王进

『进』击电塔

国网山东省电力公司检修公司带电作业班副班长，高压带电检修工，曾获“全国劳动模范”“全国五一劳动奖章”“全国青年岗位能手”“中国五四青年奖章”等荣誉和称号。王进是知识型、技能型、创新型的“高压带电作业勇士”，成功完成世界上首次 ±660 千伏直流线路带电作业，2015 年凭借“±660 千伏直流架空输电线路带电作业技术和工器具创新及应用”这一科研项目荣获“国家科学技术进步奖”二等奖。他领衔的劳模和工匠人才创新工作室完成创新成果 30 项，获得发明专利 10 项、实用新型专利 17 项。

大国工匠视频

电力工匠

冯新岩

电网神探

国网山东省电力公司超高压公司电气试验工、国网首席专家、“全国五一劳动奖章”获得者、全国电力行业技术能手、山东省劳动模范、齐鲁大工匠、山东省优秀共产党员。冯新岩独创“多类型传感器融合的干扰识别方法”“GIS 内部接头发热红外检测技术”等行业内领先的带电检测新方法、新工艺，发现特超高压电网设备重大缺陷 100 余次，避免可能导致的损失超 10 亿元。他研制了世界首台“变压器局部放电典型信号发生装置”等一系列典型创新成果，受邀参加“一带一路”能源项目特高压异常分析 20 余次。

大国工匠视频

张黎明：“电”亮黎明

国网天津滨海供电公司运检部配电运检室党支部副书记兼配电抢修班班长，全国劳动模范。张黎明 30 多年如一日坚守抢修一线，秉持“黎明出发点亮万家”的服务承诺，以实际行动践行“人民电业为人民”的企业宗旨，受到社会各界的广泛赞誉和高度评价。

朱洪斌：电油督察

国网江苏省电力有限公司电力科学研究院技术主管，全国劳动模范、“全国五一劳动奖章”获得者。朱洪斌自主研发 10 余类电力油气自动化检测装置并在全国推广使用，降本增效 3 亿余元，增加供电 11.5 亿千瓦时。他获得授权国家专利 30 余项、省部级及以上科技奖励 11 项，发明的标准油样配制技术打破了国外技术垄断。

陈昊：誓护光明

国网江苏超高压公司南京运维站变电二次运检师，江苏省有突出贡献中青年专家、江苏工匠，享受国务院政府特殊津贴。陈昊围绕电力系统保护与控制、变电检修、能源预测等内容开展研究工作。他主要参与国家自然科学基金项目 2 项，主持系统内科技项目 11 项。

陈德风：电缆金刚

南京远能电力工程有限公司送变电分公司工人，全国劳动模范、“全国五一劳动奖章”获得者。陈德风先后“拿下”15 项国家级创新成果、29 项国家专利，成为全国电力系统电缆专业的领军人物、技能专家，在业内有着“金刚钻”的美誉。

蔡朝东：水电铁军

华能澜沧江检修分公司机械班班长，高级技师，全国电力行业技术能手、“云南省五一劳动奖章”获得者、云岭工匠。蔡朝东多次作为 70 万装机大型水电机组 A+ 级自主检修水轮机负责人、机械专业总负责人等，完成检修项目近千项。作为核心成员研制的“水轮机轴与转轮联接螺栓安装工装”获得 2020 年度全国能源化学地质系统优秀职工技术创新成果一等奖。

马晓东：焊枪金焰

大唐甘肃发电有限公司兰州西固热电有限责任公司焊工培训中心主任，高级技师，“全国五一劳动奖章”获得者、全国技术能手、中国电力楷模、中央企业十大杰出青年、陇原工匠。马晓东编制了《A335P91 钢焊接工艺与操作技法》，攻克了 A335P91 新钢种焊接理论和焊接实际操作上的难关，各项主要技术指标均超过了欧美国家和日本标准，冲击韧性达到了国内外先进水平。

周乐超：电力超人

国家电网平顶山供电公司输电运检中心输电带电作业班技术员，“河南省五一劳动奖章”获得者、河南省技术能手、中原大工匠。周乐超在不断提高自己操作技能水平的同时，努力提高自己的专业理论水平，一步步从学徒工、检修工成长为带电综合型人才。

钱金辉：通信英杰

国网南阳供电公司调控中心通信运检二班班长，高级技师、高级工程师，中原大工匠。钱金辉自主研发“动环监控装置”，已推广应用于 18 座 220kV 电压等级变电站，钱金辉已获得国家授权专利 56 项，其中发明专利 10 项，有 QC 成果 10 项。

徐仲维："维"新克难

湘电动力有限公司高低压器电器装配工，高级工程师、高级技师，"全国五一劳动奖章"获得者、全国技术能手、中国机械工业百名工匠、湖南省劳动模范、湖南省技术能手。徐仲维先后完成了国家重点项目中关键部分技术攻关 65 次；改进电机系统缓冲装置的关键技术 11 项，申请国家专利 7 项，为企业的振兴和国防事业的发展作出了重大贡献。

崔建新：创研杆塔

河南鼎力杆塔股份有限公司焊接工程师、高级技师，河南省技术能手、中原大工匠。崔建新先后在 10 多条特高压线路杆塔和 30 多个国家的杆塔工程项目中攻克一系列生产技术难题，带头完成"特高压钢管塔生产新工艺研究"等创新课题 30 多项，申报专利 30 多项，授权 25 项，取得省市级科技成果 10 项。

袁军芳：钢炉电军

马鞍山钢铁股份有限公司电工，全国钢铁行业劳动模范、安徽省技术能手、安徽工匠 2021 年度人物。袁军芳参与完成了马钢 71# 变电所 110kV 系统搬迁工程、72# 自动化改造、马钢 4# 高炉配套中压系统及 TRT 上网等项目，通过瞄准行业发展方向不断进行总结学习，拥有公司级技术秘密 10 项，国家授权专利 7 项。

谢林江：电网卫士

云南电网有限责任公司信息中心信息安全运维技术专责，全国技术能手、"云南省五一劳动奖章"获得者、云岭工匠。谢林江自主研发了省级防病毒、补丁修复、网络准入等终端安全策略工具，提升了安全运维的工作效率和终端安全防护基础。他设计的网络安全布防图，使网络安全防护实效从原来的 50% 提高到 90%。

李清东：御风逐梦

内蒙古华电蒙东能源有限公司高家梁风电场场长，高级工程师，“全国五一劳动奖章”获得者。李清东发明风电机组非能动节能增效系统，取得国家实用新型专利 15 项，两项成果获得省部级科技进步奖，他研发的专利技术在行业内得到批量推广应用。

吴军：追逐真知

国网内蒙古东部电力有限公司科左后旗供电公司监控一班班长，高级工程师，内蒙古自治区突出贡献专家。吴军被业内人士称为“电诸葛”，以他名字命名的“吴军劳模创新工作室”大力开展技术革新、技术攻关，极大节约了电力施工成本，为电力行业日常施工作业提供了全方位的技术支撑和工作效率保障。

方春生：安全管家

福建棉花滩水电开发有限公司安全环保部主任，中央企业技术能手、福建省劳动模范，享受国务院政府特殊津贴。方春生始终坚守一线为棉电大坝的安全运行保驾护航，交出了安全生产零事故的成绩单。他主持完成 23 项 QC（运行质量管理）课题。

叶蕓：后浪启承

国网浙江省电力公司宁波供电公司高级技师，全国技术能手、浙江省劳动模范、浙江工匠。叶蕓主要从事高压电缆附件安装、电缆线路施工管理等工作，3 项研究成果获得国家实用新型专利授权。以他名字命名的劳模创新工作室不仅承担着培养技能人才的任务，也成为国网浙江电力第一批跨地区交流培训技能教学点。

姜振军：智慧变压

浙江江山变压器股份有限公司高级工程师，“全国五一劳动奖章”获得者。浙江省劳动模范，享受国务院政府特殊津贴。姜振军从事变压器试验研发工作 35 年，完成 20 多项省级新技术新产品开发，拥有 30 多件国家专利。他领衔“国家级技能大师工作室”和“中国长三角地区劳模工匠创新工作室”，培养近百名高技能人才。

白宏坤：数据宏图

国网河南省电力公司经济技术研究院能源互联网经济研究中心支部书记、副主任，国网河南电力劳动模范、最美国网人、优秀技术专家。白宏坤是“河南省能源经济与电力供需实验室”“河南省能源大数据应用中心”技术带头人，参与了省级能源大数据中心的建设，获得国家发明专利授权 9 项。

非遗是中华民族的瑰宝，是中华优秀传统文化的结晶。从捞纸大师周东红到宫廷书画修复师单嘉玖，乃至更多手艺人，他们用时间留住技艺，用技艺传承匠心。他们是手艺人，也是非遗传承人，传承着一个国家民族文化的象征，彰显着一个国家民族文化的自信。

手艺工匠

周东红　刘更生　朱文立　张兴华

毛胜利　马　宇　单嘉玖　柴战柱

蒋家才　王芝文　陈连义　陆金喜

范增寿　高佃亮　许为民　林建军

许红阳　沈占伟　李　涛

周东红

水中捞纸

中国宣纸股份有限公司捞纸工，曾获“全国劳动模范”等荣誉。周东红捞出的宣纸每 100 张的重量误差仅为 2 克左右，厚度均匀，保持着成品率 100%、产品对路率 97% 的突出纪录，分别超出国家标准 8% 和 5%。他多次参加捞纸帘床材料寻找、捞纸机械划槽、纸药桶替换等技术革新活动和宣纸、邮票纸等试制生产，赋予传承千年的宣纸技艺以新的时代价值。

大国工匠视频

手艺工匠

刘更生

艺术凿木

北京市龙顺成中式家具有限公司工艺总监，北京金隅天坛家具龙顺成副总经理，北京一级工艺美术大师，中国非物质文化遗产项目“京作硬木家具制作技艺”代表性传承人，红木家具百年老字号“龙顺成”第五代传承人，曾获“全国五一劳动奖章”“北京市劳动模范”“北京首届大工匠”等荣誉和称号。“龙顺成”公司为北京冬奥会场馆礼宾及相关空间（11 个场馆、20 个空间）提供展陈家具产品服务，展陈家具从原料到成品要经历 100 多道大小工序，刘更生带领团队圆满完成保供任务，向世界传播了中国传统家具的文化之美。

大国工匠视频

手艺工匠

朱文立

汝瓷天青

国家级非物质文化遗产项目——汝瓷烧制技艺代表性传承人，中国陶瓷艺术大师，被誉为“青瓷第一人”，曾获“河南省劳动模范”等荣誉，享受国务院政府特殊津贴。朱文立投身于汝瓷研制工作，钻研汝瓷烧制技艺，先后试制成功豆绿釉、天蓝釉、月白釉。1979 年，他研制的豆绿釉在汝州大规模投产，取得了非常好的经济效益。1988 年，他成功研制汝官瓷天青釉，使断代 800 多年的汝官瓷再现于世。

大国工匠视频

手艺工匠

张兴华

排船『掌作』

辽宁省非物质文化遗产“二界沟排船制作技艺”代表性传承人。张兴华从事排船专业工作30多年，充分履行非物质文化遗产传承人的社会责任，在实践中改进船型，增加其稳定性，提高其质量，延长其使用年限，为渔民节约维修成本和渔业安全生产作出突出贡献。他带领劳模和工匠人才创新工作室团队着力加强二界沟排船制作的技艺创新攻关与理论研究工作，为保障本地渔业安全生产、建设环保绿色海洋、传承辽船传统文化等发挥了重要作用。

大国工匠视频

手艺工匠

毛胜利

纸有匠心

中国宣纸股份有限公司晒纸工，宣纸研究所所长助理，晒纸高级技师，高级工艺美术师，曾获“全国五一劳动奖章”“安徽省优秀共产党员”等荣誉和称号。毛胜利被工友称为“晒纸车间的铁人”，多次参与研制特种纪念宣纸的晒制工作，“二丈三特大纪念宣纸”就是他的得意之作，创造了吉尼斯世界纪录。国家级非物质文化遗产宣纸制作技艺靠的是代代手口相传，在他的谆谆教诲下，许多徒弟都已成为晒纸技术高手。

大国工匠视频

手艺工匠

马宇 『复活』秦俑

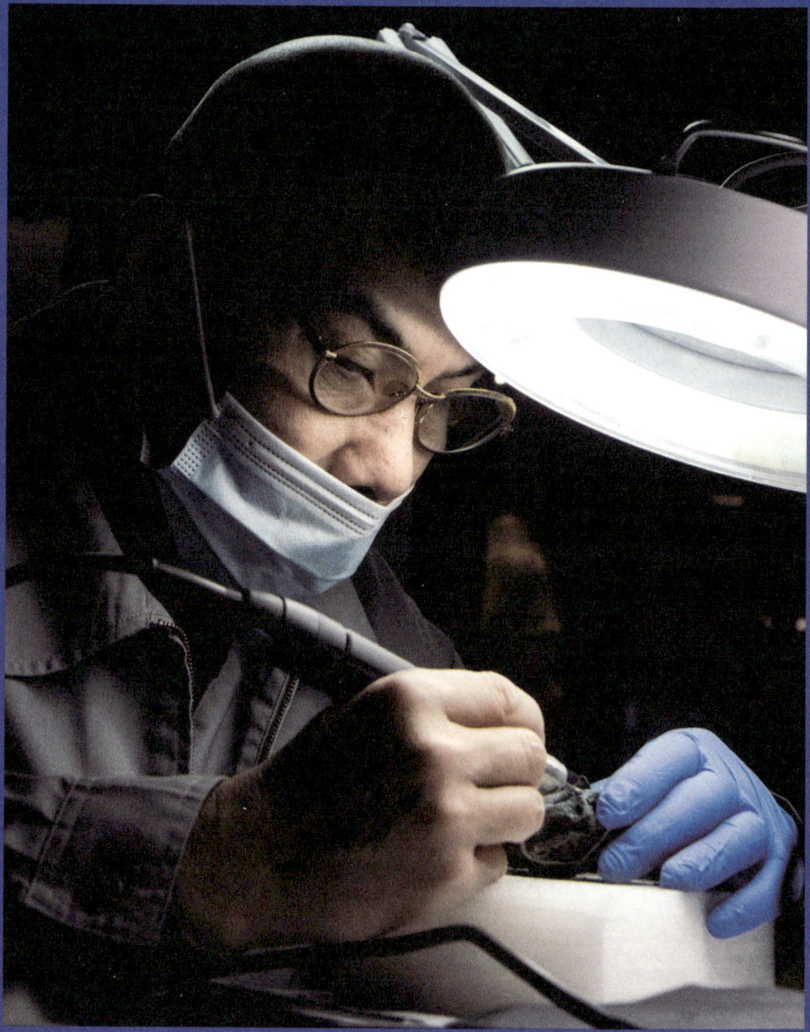

秦始皇帝陵博物院文物保护修复师，副研究馆员，曾获“三秦工匠”等称号。马宇创新性地完成了现场提取兵马俑第一件石铠甲的工作以及20多件精品兵马俑的保护修复工作。他在修复文物时每进行一道工序，都会详细记录，为每一件文物建立档案，手绘文物病变图，让这些数据和图画供未来更深层的研究用。他主持秦始皇陵百戏俑坑出土陶俑的保护修复工作，累计修复了20多件百戏俑。

大国工匠视频

手艺工匠

单嘉玖

故宫画医

故宫博物院研究馆员、学术委员会委员，中国社会科学院研究生院文博硕士教育中心导师。单嘉玖于 1978 年 12 月入职故宫博物院，师承《五牛图》等传世名作的修复师孙承枝先生，从事宫廷书画的修复工作。她擅长手卷、立轴、横披、册页等不同品式，纸、绢、玉石等不同材质，墨笔、设色、缂丝制品、异型封装等不同品类，断裂、糟朽、霉烂、粘损等不同损坏类型的文物书画的复原、修复及装裱。她曾获“装裱修复技艺(古字画装裱修复技艺)代表性传承人”称号。

大国工匠视频

柴战柱：淬火炼瓷

国家级非物质文化遗产代表性项目（当阳峪绞胎瓷烧制技艺）代表性传承人、河南省工艺美术大师、河南省陶瓷艺术大师，轻工大国工匠、河南省劳动模范。柴战柱从事当阳峪绞胎瓷开发与研究工作 30 年，恢复、传承和发展了匿失千年的当阳峪绞胎瓷烧制技艺，填补了我国瓷器烧制中的一项空白。柴战柱创作的绞胎瓷作品《中华龙》《丝绸之路》荣获多项大奖，分别被国内外各大博物馆展示珍藏。

蒋家才：紫陶初心

建水县成林紫陶文化艺术有限公司正高级工艺美术师，云南省工艺美术大师、云南省陶瓷艺术大师、云南省陶瓷工艺大师、云岭工匠。蒋家才围绕制陶技艺、工艺石膏模型、盆景设计及土窑烧制成型等工艺流程开展技术攻关，在搭建建水陶瓷技术、技能传授和学习平台等方面取得了显著成效，获外观设计专利 3 项。

王艺文：方寸万言

国家级非物质文化遗产项目（陶瓷微书）代表性传承人，中国工艺美术大师，享受国务院政府特殊津贴。王艺文勇于挑战，裸眼书写出字体小于 1 毫米的微书。他的陶瓷微书技艺获评“最受欢迎的中华十大绝技”，其作品先后获得国家级和省级金奖 40 多项，被国内外多家机构收藏，并被作为“国礼”赠送给外国首脑。

陈连义：官窑宋韵

河南省非物质文化遗产研究基地河南大学口头与非物质文化遗产研究中心研究员，中国陶瓷工艺美术大师，“河南省五一劳动奖章”获得者、开封工匠。陈连义在官瓷制作材料上，成功研发出了以开封本土黄河泥加煤矸石作为原料烧制出官瓷的方法，可降低成本百分之五十。

陆金喜：曜变传奇

曜变烧制技艺非物质文化遗产项目代表性传承人、世界首位曜变建盏烧制技艺复原者，享受国务院政府特殊津贴。陆金喜的作品先后被中国美术馆、日本大阪市立东洋陶瓷美术馆、英国维多利亚与艾伯特博物馆等收藏，陆金喜也因此被联合国教科文组织授予“非物质文化遗产传承杰出贡献奖”。

范增寿：锻银成器

丽江范记银艺商贸有限公司工艺美术师，国际工艺美术师、云南省工艺美术大师、云南省金属工艺大师，“云南省五一劳动奖章”获得者、云岭工匠。范增寿将银器、铜器镶嵌工艺结合运用，获国家级奖项 4 个、省级奖项 7 个，其中金奖 3 个、银奖 5 个、铜奖 2 个、优秀奖 1 个，获外观设计专利 4 项。

高佃亮：神走刀锋

中国剪纸画创始人，2023 年度河北大工匠、河北省一级工艺美术大师、河北省首批世界非物质文化遗产（蔚县剪纸）代表性传承人。高佃亮的作品多次在全国剪纸艺术节、赛、会展上摘金夺银，并被国家级博物馆收藏。他创作出 20 大系列 3 万余个剪纸品种，产品畅销近百个国家和地区。

许为民：石我执一

福建省惠安县大千雕刻工艺社艺术总监、高级工艺美术师，泉州市石雕非遗传承人，“福建省五一劳动奖章”获得者。许为民从一名普通石雕工人成长为福建省工艺美术大师、国家一级高级技师及高级工艺美术师。2015 年，他的石雕作品《白菜》被中国国家博物馆永久性收藏。

林建军：点石成金

福建省莆田藏云堂艺术品有限公司艺术总监，国家级非物质文化遗产项目莆田木雕传承人代表，“全国五一劳动奖章”获得者。林建军花费多年心血，恢复莆田木雕精微透雕古老技艺。2017 年，林建军携 13 件精微透雕作品入围金砖厦门会晤期间的闽南非物质文化遗产展。

许红阳：木香艺精

井陉木雕省级非物质文化遗产代表性传承人，2023 年度河北大工匠、“河北青年五四奖章”获得者、河北省“冀青之星”、“石家庄市五一劳动奖章”获得者。许红阳 13 岁开始学习木雕技艺，20 岁便初步掌握了木雕技法，经过多年磨炼，将薄浮雕升华至 2 毫米到 4 毫米。作品《美人鱼》于 2014 年荣获雕塑界重要奖项——刘开渠奖。

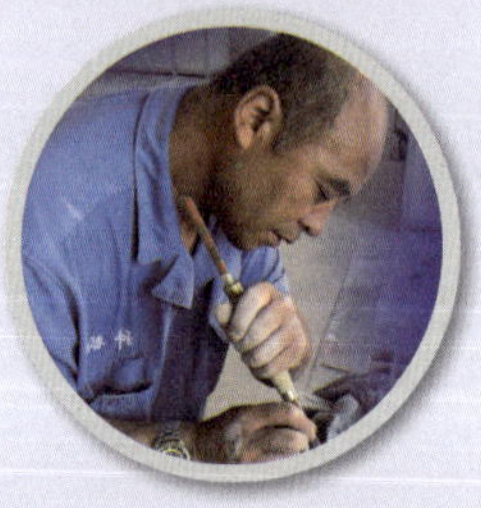

沈占伟：青砖古韵

临夏神韵砖雕有限公司高级砖雕艺术师，全国劳动模范、河州工匠、陇原工匠。沈占伟创作的多个作品先后荣获第二届甘肃民间文艺“百合花奖”银奖、甘肃省第十届工艺美术“百花奖”二等奖、上海世界博览会甘肃活动周优秀贡献奖、中国传统大师邀请展“云工奖”金奖、首届全国砖雕大赛“建筑设计”金奖、“大国工匠”奖等诸多奖项和荣誉。

李涛：拼补古今

广东省博物馆有机文物修复组组长，南粤工匠。李涛是全国首批古画修复与装裱专业本科生，共主持和组织装裱修复本馆及基层博物馆的馆藏书画文物约 3760 件（套），其中修复保护国家一级、二级、三级文物分别为 63 件、76 件和 59 件。他作为独立发明人共获得了《一种书画的快装式画杆及以该画杆为地杆的立轴》等国家发明专利 4 项。

工匠之夜

第二夜

群星闪耀

站在劳动者的聚光灯下，聚焦于大国工匠们“精于工、匠于心、品于行、创于新”的工匠精神。今夜，以群像的方式展现各地工匠精益求精、严谨细致的高超技艺，一览各地工匠的风采。

随着国家新发展战略和“一带一路”倡议的推进，我国北部地区的经济呈现出持续快速发展的态势。经济发展的背后是一批批扎根于本职岗位、数十年如一日干好一件事的大国工匠们的奉献，“打造工匠偶像，让工匠精神流行起来”成了各级工会的一件核心大事。他们是偶像，是真正应该被追的星。

天津工匠

韩　超　李家琦　张瑞元　李晓宝

河北大工匠

王　霄　刘洪吉　张宏伟　高文庆

焦宏业　张月影

北疆工匠

丁　瑞　王　琦　邢界红　闫　炯

安军伟　孙元国　孟　强　顾秀花

韩超

万里潜行

中国海洋石油集团有限公司海油工程 ROV（水下机器人）总监。韩超 31 岁时考取了由国际海事承包商协会颁发的 ROV 总监证书，成为我国第一名持证 ROV 总监，也成为全球最年轻的 ROV 总监，夺回了在该领域长期由欧美人把持的操作权和话语权。他是我国工作级 ROV 工程应用的领军者，在寂静深海中“潜行”超过 2 万里，勇夺中国海油第九届技能大赛 ROV 操作员竞赛金奖。

大国工匠视频

李家琦：时光之韵

天津海鸥表业集团有限公司技术中心机心艺术创作室主任，全国劳动模范、全国技术能手，享受国务院政府特殊津贴。李家琦主持设计了100余款的雕花镂空腕表机心，其中包括中国制表业第一只真正意义上的镂空机心、第一只雕花镂空陀飞轮机心、第一只雕花镂空双陀飞轮机心等，其产品多次获奖。

张瑞元：码头智脑

天津港中煤华能煤码头有限公司孔祥瑞操作队队长、技术总监，全国劳动模范、全国交通技术能手、天津市优秀共产党员。张瑞元主持开展的“翻车机摘钩杆改造”解决了翻车机摘钩杆设计不合理、维修困难、造成停机时间长等诸多问题。

李晓宝：雕星追月

天津航天机电设备研究所航天特级技师，全国技术能手、“航天技能大奖”获得者、天津市劳动模范，享受国务院政府特殊津贴。李晓宝先后完成了载人航天、探月工程、火星探测、北斗导航等国家重大型号结构与机构分系统及宇航测控天线的生产任务，实现了万余件机构关重零件加工质量的零缺陷，为我国卫星铰链实现批量生产、系列星上天线产品加工制造和多型号卫星机构件的攻关制造作出突出贡献。

王霄：征战港口

河北港口集团秦皇岛港第六分公司设备管理工程师。河北省劳动模范、河北大工匠、“河北省五一劳动奖章”获得者、交通运输部首届“最美港航人”。王霄完成了秦皇岛港多项大型设备和系统的技术规格编写、工程监造和整体更新，在助力临港产业强省发展建设中勇当先锋。

刘洪吉：比高天公

国网河北省电力有限公司超高压分公司高压输电线路运检工，“全国五一劳动奖章”获得者、全国电力行业技术能手、河北大工匠。刘洪吉是超特高压带电作业领域的专家，被称为特高压等电位带电作业河北省内第一人。刘洪吉带领的团队完成了创新成果 52 项，获国家专利 38 项。

张宏伟：“暗”中破局

中国乐凯集团有限公司乐凯医疗影像乳剂车间工段长，国家级技能大师工作室领办人、航天科技集团“航天技术能手”、河北大工匠，享受国务院政府特殊津贴。张宏伟带领团队不断创新突破，打破国外产品市场垄断，为该行业的胶片国产化替代工作奠定了坚实基础。

高文庆：探秘大地

河北省地质矿产勘查开发局第四水文工程地质大队大钻机机长，河北省劳动模范、河北大工匠、河北省技术能手。高文庆自行设计出一套适用于第三、第四系地层的泥浆处理系统，节约了耗材，提高了钻进效率和质量，并在地质取芯勘探项目中完善了单管取芯工艺，其岩芯采取率远远超过规范标准。

焦宏业：业精育种

河北省邯郸市农业科学院粮油所农业技术员，河北大工匠、“河北省科技进步一等奖”获得者、河北省“最受关注的科技创新人物”。焦宏业主持承担科研项目 20 多项，育成玉米品种 16 个，推广种植面积 5000 余万亩，是河北省极具影响力的农业专家。

张月影：云端之上

中国移动通信集团河北有限公司网管中心通信网络工程师，河北大工匠、全国电信和互联网行业职业技能竞赛行业技术能手、全国移动通信 5G 技术职业技能竞赛一等奖获得者、中国移动技术能手。张月影参与了通信技术从 2G 到 5G 的应用发展全过程，并成长为“业务全能型专家”。

丁瑞：繁育好牛

内蒙古赛科星繁育生物技术（集团）股份有限公司种业系统生产中心主任，高级畜牧师，“内蒙古自治区五一劳动奖章”获得者。丁瑞参与了3项冷冻精液行业地方标准制定，改进了企业冻精生产技术流程，提升了产品品质，繁育良种奶牛超过120万头，显著改良了奶牛的生产性能。

王琦：助燃“嫦娥”

中核北方核燃料元件有限公司快堆核燃料元件厂组件制造车间高级技师，全国技术能手。王琦在重水堆工业和医用钴调解棒靶件零部件的生产中，保障了我国钴60同位素靶件的制备，该靶件制备的钴60同位素占据我国60%的市场份额。

邢界红：护航蒙药

内蒙古蒙药股份有限公司总工程师、主任蒙药师，高级技师，内蒙古自治区突出贡献专家。邢界红先后主持制定、修订了近20项蒙药国家、内蒙古自治区标准，主持了6个蒙中约产品的工艺技术改进及内蒙古自治区及通辽市科技研发项目10余项，获得了7项国家实用新型专利。

闫炯：为国铸剑

内蒙古北方重工业集团有限公司防务事业部电焊工，高级工程师、高级技师，全国技术能手。闫炯完成创新项目18项、科研项目8项，申报发明专利4项、实用新型专利2项。他总结出的小直径深孔焊接修复操作法、无缺陷小变形焊接工艺技术等成果均已应用于生产实践中。

安军伟：制造“烯”望

内蒙古清蒙石墨烯科技有限公司总工程师，高级工程师，享受国务院政府特殊津贴。安军伟主持参与内蒙古自治区重大专项和战略高新 4 项，突破石墨烯低温负压规模化可控制备及应用技术瓶颈，申请专利 15 项，制定国家行业标准 3 项，相关技术获 2017 年国家技术发明二等奖。

孙元国：扎根黑土

内蒙古大兴安岭农垦集团甘河农牧场分公司第一连队工人，内蒙古自治区劳动模范。孙元国从事农业机械制造和研发，共完成技术创新、研发项目十多项，获国家专利 7 项。他先后研发出“多功能自走式高秆作物植保机”“便携式菇茑收获机”等多种机型，2021 年曾为袁隆平玉米种子培育基地设计了砍玉米小车。

孟强：定量乾坤

内蒙古航天红峡化工有限公司二车间称量组组长，高级技师，全国技术能手。孟强通过统计不同环境条件下每种原材料在最小称量精度下的液滴数，以及通过控制液滴数来提高称量速度，使称量效率大幅提升，此方法将物料称量误差由原来小于或等于 0.3% 控制在 0.1% 以内。

顾秀花：焊枪绣花

国能神东煤炭集团设备维修中心培训师，高级技师，全国技术能手。顾秀花是将单面焊双面成型技术引入矿山设备修复的第一人，攻克了进口设备部件焊接修复的“卡脖子”难题。她代表中国参加中国工会“一带一路”人文交流——上合组织国家职工技能大赛荣获金奖，用一把焊枪演绎了东方传奇“秀花焊”。

2023 年是长江三角洲区域一体化发展上升为国家战略的第五个年头，随着新时代人才强国战略的实施，区域人才一体化正在向更深层次、更高水平和更高质量发展。在这样的背景下，沪、苏、浙、皖等地区涌现出了一批大国工匠，充分发挥了高水平技能人才在长三角产业发展中的示范引领作用。

上海工匠

丁金国　于鸿晶　王　勤　王传存
刘启贞　罗清篮　诸　成　盛忠明

江苏工匠

邓建军　卢海军　田　明　乔　森
吴奇敏　陆　峻　夏伯党　谢大春

浙江工匠

王文斌　王国仁　刘云波　杨应政
张霁明　陈　敏　陈立虎　黄雪梅
黄章勋

安徽工匠

吴雪良　李　凯　汪芳青　周　锋

丁金国：药济天下

上海上药第一生化药业有限公司助理总经理、药物研究所所长，“全国五一劳动奖章”获得者、上海市劳动模范、上海工匠。丁金国在工作中主要承担市科委生物医药重大科技攻关计划等 4 项课题，获得授权发明专利 15 项，荣获上海市科技进步奖二等奖、上海市重点产品质量振兴攻关成果一等奖和上海市优秀发明选拔赛金奖等市级荣誉 8 项。

于鸿晶：识微见远

上药信谊药厂有限公司药物研究所微生态研发总监、上海益生菌创新药物工程技术研究中心副主任，上海市三八红旗手、“上海科技进步技术发明一等奖”获得者。于鸿晶协助打造的上海益生菌创新药物工程技术研究中心，在国内微生态药物开发领域处于水平领先的重要地位。

王勤：匠心织造

国家级非物质文化遗产“徐行草编工艺”传承人，上海市劳动模范、“上海市五一劳动奖章”获得者。王勤将现代科技灵活运用到草编作品中，为庆祝建党一百周年，她将 3D 打印技术结合草编技艺制作出南湖红船、一大会址等模型，令人惊艳。

王传存：激活未来

上海振华港机重工有限公司首席技师，“上海市五一劳动奖章”获得者、上海市技术能手。王传存以强烈的时代责任感和使命感，立足科技研发和工艺改革，用多项重磅创新成果，带动了振华重工大型构件高端制造、智能制造工艺技术的重大创新，有力提升了公司港机设备的全球竞争力。

刘启贞：空气之眼

上海市环境监测中心大气监测室副主任，国家环境保护专业技术青年拔尖人才、国家环境监测“一流专家”、上海市生态环境系统专业技术领军人才。刘启贞首创实时总量核算系统，利用在公交车、出租车上加装的微型传感器实现动态测量并结合固定监测站点进行数据核准，为实现“智能环保”贡献力量。

罗清篮：传奇黑客

上海谋乐网络科技有限公司首席执行官，清安网及中国信息安全研究联盟创始人，上海市领军人才、“上海市科学技术发明一等奖”获得者。罗清篮创立“漏洞银行”这一全新的商业模式，引导黑客退出黑色产业链，构建庞大的白帽黑客社群，为多个城市网络安全提供有效解决方案。

诸成：问鼎苍穹

中国科学院微小卫星创新研究院卫星型号总设计师，上海工匠。诸成设计出的轻量化卫星可以大大降低火箭运载费用。作为“悟空”号副总工程师，诸成全面负责卫星研制工作，并攻克“载荷光轴平行度控制”以及微振动控制等关键问题，他还将助力发射我国第一颗太阳探测卫星，为太阳研究贡献中国力量。

盛忠明：夜行侠客

上海地铁维护保障有限公司车辆分公司工程师，盛创智维技术工作室负责人，上海市技术能手、全国城市轨道交通行业劳动竞赛维修能手。盛忠明自主设计车载单元制动机拆装起重及精确对位工具，消除了车载人工拆装起重的安全隐患，维护更换耗时下降了 75%。他的创新成果获得国家专利 9 项、市级及行业成果荣誉 12 项。

邓建军：牛仔“潮人”

黑牡丹（集团）股份有限公司技术总监，新中国成立以来感动中国人物、全国劳动模范、“全国五一劳动奖章”获得者、全国技术能手。邓建军带领团队自主研发的“染色机染液组分在线检测和控制系统”填补了该领域世界空白，先后取得9项国家发明专利、10项实用新型专利。“低碳节水型牛仔纱线清洁染色关键技术研发”项目技术达到了国际先进水平。

卢海军：心系长天

中国东方航空集团有限公司民航机务维修人员，全国交通技术能手、江苏大工匠。卢海军先后主导完成了空客A320系列飞机三种型号发动机尾喷管拆装专用托架研制、空客A330飞机发动机反推液压泵改装、飞机轮轴清洗专用设备研制等25个项目，有效解决了维修中的风险隐患，保障了每一架飞机的安全出行。

田明：油田鲁班

中国石油化工股份有限公司江苏油田分公司工程技术服务中心连续油管作业队高级工程师，“全国五一劳动奖章”获得者、全国技术能手、“国家科学技术进步二等奖”获得者。田明先后完成创新成果92项，其创新成果《试油测试技术的创新与运用》获得2014年度国家科学技术进步二等奖。

乔森：绿里奇迹

常州公路运输有限公司驾驶员，全国劳动模范、“江苏省五一劳动奖章”获得者、江苏大工匠。乔森以扎实的驾驶技能、丰富的安全行车经验，创造了连续安全行车4000天的好成绩。他认真钻研节油技术，先后获得江苏省节油技能竞赛一等奖和全国节油技能大赛三等奖。

吴奇敏：壶载春秋

江苏省宜兴紫砂工艺厂正高级工艺美术师，江苏省技术能手、江苏省五一创新能手、江苏省巾帼建功标兵。吴奇敏的作品被中南海紫光阁、中国国家博物馆、韩国陶瓷文化博物馆、中国宜兴陶瓷博物馆等多家艺术机构、单位和个人收藏。

陆峻：策电逐星

南京熊猫电子装备有限公司装备维修电工，全国技术能手、江苏大工匠。陆峻 2017 年在国内第一个成功做出 0.3 毫米的厚液晶玻璃项目。作为国家级技能大师工作室的领办人，陆峻带领工作室成员共完成岗位创新和改进成果 27 项，获国家发明专利 3 项，实用新型专利 16 项。

夏伯党：潮动煤海

江苏徐矿集团首席技能大师，全国劳动模范、“全国五一劳动奖章”获得者。2017 年以来，夏伯党每年带领团队行程 2 万多公里，赴徐矿集团在陕甘、新疆地区下属的煤炭、电力、煤化工企业开展“大师送绝活，专家解难题”活动。

谢大春：泥腿大师

江苏鑫亿鼎石英科技股份有限公司（宿迁）技术总监，“全国五一劳动奖章”获得者、全国技术能手。谢大春 20 余年研发 36 项国家专利，其中 5 项技术填补国内空白，推动行业向高精尖方向发展，成长为国内石英深加工行业“创新引领者”，成为同行眼中的“敬业楷模”。

王文斌：燃情岁月

浙江省舟山市蓝焰燃气有限公司抢维修中心队长，浙江省技术能手、浙江工匠。王文斌创造性提出用户立管外移的安装技术，调整了雷诺式调压器的安装调试工艺，减少抢险环节，提高抢险速度，每年为企业降低了抢险支出费用近 300 万元。

王国仁：电信尖兵

中国电信股份有限公司绍兴分公司网络维护中心副经理，绍兴工匠。王国仁先后在动力、软件开发、数据通信等不同技术岗位工作，刻苦钻研，从 2006 年至今一直是浙江电信数据通信领域的一级专家，多次被评为岗位先锋、技术能手，独立完成 4 个创新项目。

刘云波：成图在胸

浙江省测绘科学技术研究院测绘工程中心技术质量科科长，全国测绘地理信息行业优秀技能人才、浙江省技术能手。刘云波对传统测量作业方式进行多项改造，已获取 18 项实用新型专利、3 项发明专利；取得软件著作权 3 项；获得浙江省行业科技进步奖 1 项、工程奖 3 项，全国行业科技进步奖 2 项、工程奖 4 项。

杨应政：能工小“匠”

安吉高级技工学校教师、全国技术能手。杨应政代表中国参加了在喀山进行的第 45 届世界技能大赛“管道与制暖”项目，夺得银牌。由杨应政指导的马澳龙在首届中华技能大赛“管道与制暖”项目上获得了全国第二名的好成绩，并进入第 46 届世界技能大赛国家集训队。

张霁明：于无声处

国网浙江宁波市鄞州区供电有限公司调控中心自动化运维班班长，“全国五一劳动奖章”获得者。在张霁明和团队的技术攻关中，鄞州电网的停电恢复时长从原来的“小时级”缩短到“秒级”，再缩短至“毫秒级”，将城市供电可靠性提高到了99.999%，配电自动化接入站点规模和建设速度在浙江全省乃至全国都处于领先地位。

陈敏：仁心护童

杭州市儿童福利院护理指导员（主管护师），全国技术能手、“第六届全国民政行业职业技能竞赛暨全国第三届孤残儿童护理员职业技能竞赛特等奖”获得者。陈敏通过开展孤残儿童护理员培训班形式，将“养、教、康、医、社”全面融合，在全国率先实行分层养育模式。

陈立虎：焊虎生威

中国能源建设集团浙江火电建设有限公司焊接培训部主任，全国劳动模范、全国技术能手。陈立虎能在无法看到管件的焊缝接口的情况下，利用镜子成像，完成手工钨极氩弧焊接任务，而这仅需要20分钟左右即可完成。

黄雪梅：“蒸”心守艺

浙江德辉食品有限公司总经理，全国优秀农民工、浙江省优秀高技能领军人才、浙江省农村青年致富带头人。黄雪梅研发薄酥饼，填补了国内空白，并带领“德辉”从小作坊发展成为有一定知名度的企业，为浙江省衢州市非物质文化遗产酥饼的传统创新取得了全新的突破。

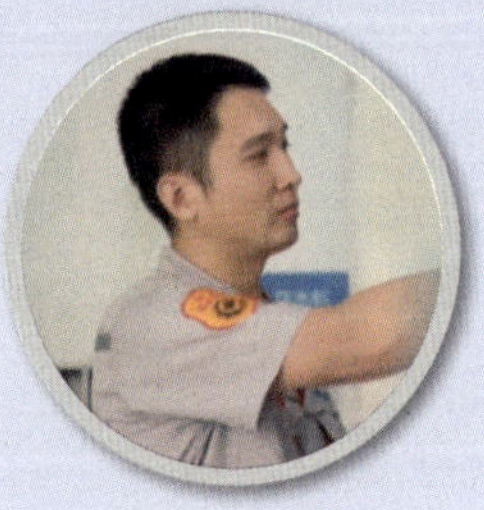

黄章勋：机修巧匠

华峰化学股份有限公司机修二级技工，浙江省最美青工、浙江工匠。计量泵是氨纶生产线上的关键设备，有些设备服役已有十几年，内部部件磨损严重，已影响到设备的正常运行和计量精度。黄章勋提出“计量泵配件国产化”项目，难题在他的手中迎刃而解。

吴雪良：浮法玻光

中建材（蚌埠）光电材料有限公司总工程师，“国家科学技术进步奖二等奖”获得者、“安徽省五一劳动奖章”获得者。吴雪良主持技术方案或直接参与工程设计及后期生产技术服务浮法及电子玻璃生产线项目70余条，与蚌埠玻璃工业设计研究院、凯盛科技股份有限公司联合，形成了全国产化超薄柔性玻璃产业链。获得授权国家专利25项，其中发明专利3项。

李凯：光明凯旋

安徽送变电工程有限公司送电工，“安徽省五一劳动奖章”获得者。李凯致力于输电线路施工技术、工艺、装备创新，参与黄河、长江、淮河等6个大跨越特高压工程和世界首个±1100千伏特高压线路重点工程建设，首创完成特高压长江大跨越工程施工法。李凯和他的团队共获得国家实用新型专利35项。

汪芳青：焊技功巧

安徽海螺川崎装备制造有限公司铆焊工，安徽省劳动模范、“安徽省五一劳动奖章”获得者。汪芳青是安徽省盾构机舱壁焊接第一人，填补了安徽省自主制作盾构机出口的空白；以国内最高的焊缝一级标准成功完成盾构机螺旋输送机焊接，并出口日本。

周锋：抗疫前锋

安徽智飞龙科马生物制药有限公司新冠疫苗生产车间主任，安徽省劳动模范、“安徽省五一劳动奖章”获得者。周锋拥有丰富的车间管理经验及精湛的转产、生产技术，在短短两个月内实现了重组新冠疫苗由研发向产业化转产一次性成功，生产出了合格的疫苗原液和成品。

>>>>>>>>>>>>>>>>>>>>>>>>>>>>>>>>>>>>>

东南沿海地区经济发展活跃、开放程度高、创新能力强，参与其中的建设者正在与地区的发展同频共振，在创新创造中实现自身价值，推动各行各业高质量发展。地区的发展推动技术的进步、人才的转型，紧随着粤港澳大湾区高质量发展的加速推进，一批优秀工匠人才相继涌现。

八闽工匠

马红星　冯振波　冯鸿昌　孙国伟
张肇宏　陈清河　林玉登　华建彬
肖维军　陈加友　侯国建　曾瑞宏

南粤工匠

卜育才　王　勇　王友发　邓伯秋
宁平华　刘中华　杜广华　周创彬
黄云飞

马红星：一马当先

中核集团福建福清核电有限公司首席技师，全国技术能手、福州市十佳技师、福州市优秀高技能人才，享受国务院政府特殊津贴。马红星长期投身核电建设与维修事业。2009 年，他开始参与“华龙一号”国家重点工程建设。他通过多年潜心科研，实现多项关键核心技术突破。

冯振波：高空飞侠

国网福建省电力有限公司福州供电公司运检部输电带电作业一班班长，高压线路带电检修工，全国劳动模范、全国技术能手、全国职工职业道德“十佳标兵”、能源化学地质工会“大国工匠”，享受国务院政府特殊津贴。

冯鸿昌：宏图大展

厦门集装箱码头集团有限公司电动装卸机械维修工、高级技师，全国劳动模范、“全国五一劳动奖章”获得者、“中华技能大奖”获得者。冯鸿昌从事港口大型装卸设备的维护管理和冯鸿昌国家级技能大师工作室的技术革新、成果转化和高技能人才培养。

孙国伟：焊神造船

福建马尾造船股份有限公司班长，高级工程师，全国优秀农民工、“福建省五一劳动奖章”获得者、福建省金牌工人。孙国伟焊的每一道焊缝都是一件艺术品。他用手里的焊枪火花，焊出了代表国际焊工最高水平的美国 ABS 焊接协会的 6GR 焊接证书。

张肇宏：把脉仪表

福建联合石化公司机械设备部仪表团队协调员，全国劳动模范，享受国务院政府特殊津贴。张肇宏先后荣获国资委中央企业劳动模范、中国石化劳动模范等称号。他领衔的“张肇宏劳模创新工作室”逐渐发展成青年设备人才培训中心，实现了从单一专业技术培训向全专业覆盖的转变，累计开展员工、承包商技能和安全培训 2 万余人次。

陈清河：藤铁魔法

福建省非物质文化遗产安溪竹藤编技艺传承人，工艺美术大师，全国劳动模范。2012 年，“陈清河劳模创新工作室”正式挂牌成立。2013 年 11 月，北京国际会议中心第八届中国创意产业年度大奖，陈清河荣获“杰出贡献奖”。

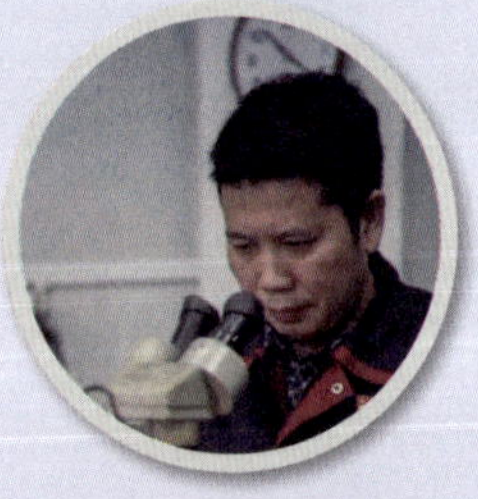

林玉登：智造模具

福建上润精密仪器有限公司工模中心副主任，高级技师，全国劳动模范、国家级技能大师。“中国天眼”射电天文望远镜上安装的 500 米天线桁架结构轴，就出自林玉登带领的劳模创新工作室。林玉登带领团队完成了 CH31 计时跑秒机芯模具的研发制造，打破了日本精工、西铁城等巨头在该领域的全球垄断，推动了中国表芯产品从低端向中高端发展。

华建彬：吃干榨“金”

紫金山金铜矿金矿三选厂选矿车间副主任，“全国五一劳动奖章”获得者。华建彬和他的团队累计申报 5 项国家发明专利、35 项实用新型专利，近 10 项成果获得福建省百万职工“五小”创新大赛奖项，助力企业创新发展。

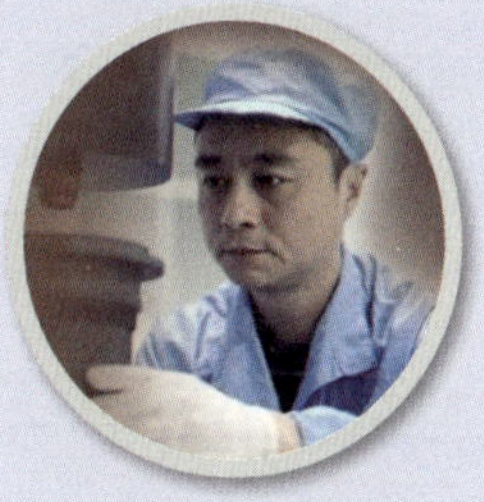

肖维军：追光人生

福建福光股份有限公司总工程师，全国劳动模范。肖维军深耕光电监控镜头行业二十余载。肖维军领衔开发的产品累计有 600 多个，其个人拥有发明专利 70 项，覆盖照相系统、显微系统等光电领域。他参与包括“神舟飞船”“嫦娥飞船”“天问一号”等航天工程在内的多个国家战略高技术领域与国防科技创新项目。

陈加友：茶人匠心

福建佳友茶叶机械智能科技股份有限公司首席高级技师，全国技术能手、福建省劳动模范。陈加友将智能化技术应用到茶机研发生产中，先后获得 60 多项发明专利，带动安溪茶产业转型升级。他参与制定、修订多项国家、省级标准，填补了国内茶叶加工机械标准的空白。

侯国建：执针引线

福建柒牌时装科技股份有限公司高级技师，全国劳动模范。侯国建从基层车工做起，一步步成为夹克技术生产研究的核心关键人员。他曾获得福建省服装制作工技能竞赛第一名，带领团队开发制衣新技术，获得 6 项国家专利。

曾瑞宏：专铸一生

大通互惠集团有限公司铸造总工程师，福建省劳动模范。曾瑞宏先后主持了 20 多项行业重点项目研究，完成了 3 种新材质的研发，其中“超低温不锈钢材料的研发与应用”打破国外垄断，获得国家专利。他带领团队不断攻克低温技术难关，制定工业设计标准，推动传统铸造工业创新发展。

卜育才：直挂云帆

广东中远船务工程有限公司主任设计师、高级设计工程师，“全国五一劳动奖章”获得者。卜育才一手打造“广东第一船”“凯斯”轮，全程参与建造国内第一艘牲畜运输船，参与 15000 立方米挖泥船的设计与建造，潜心钻研船舶设计建造工作 30 余年，被业内人士称为“轮机专家”。

王勇：长夜守明

广州供电局有限公司电力试验研究院总工程师。王勇先后获得“全国电力行业技术能手”等多个荣誉和称号，主持科技项目 10 余项，其中累计 6 项成果达到国际领先水平。他参与编写制定多项电力行业、广东省和中国电机工程学会标准。

王友发：零秒误差

广州铁路（集团）公司广州机务段指导司机高级技师，“全国五一劳动奖章”获得者、全国技术能手，享受国务院政府特殊津贴。高铁司机日常操作动车组的停车位与固定停车标的距离，标准是 20cm 以内，王友发能做到“零厘米误差”。

邓伯秋：烧腊厨神

广州白天鹅宾馆副行政总厨。邓伯秋从业 40 多年，先后被授予“广东烹饪名师”“中国粤菜烹饪大师”“广州餐饮大师”“中国烹饪大师”等荣誉和称号。

宁平华："桥"见幸福

广州市市政工程设计研究总院总工程师，"全国五一劳动奖章"获得者。宁平华带领团队设计建成了广东第一座预应力混合梁和钢砼组合梁组合的混合体系斜拉桥——鹤洞大桥，亚洲唯一被评为"金牌标准"的广州BRT 系统、世界上最大跨度连续桁钢桁拱桥——明珠湾大桥等，并主持完成了 30 余项重大工程项目。

刘中华：组装时光

飞亚达精密科技股份有限公司高级钟表维修技师，深圳百优工匠、深圳市劳动模范、深圳市（地方级领军）人才，享受国务院政府特殊津贴。刘中华是国产航天表点油工艺行业领军人，从"神五"到"神十三"，他一直参与航天表的研发与制作，成为国产航天表点油工艺独一人。

杜广华：石化好"焊"

广东茂化建集团有限公司电焊工高级技师，"全国五一劳动奖章"获得者，享受国务院政府特殊津贴。杜广华攻克了超过 50 项焊接技术难题，练就了加长焊把远距离焊接、左右手焊接、镜子反照焊接三大独门绝技。他焊接过数十万个焊缝组件，没有出现一个残次品和漏点，抢修 6000 多项急、难、重点炼油装置项目。

周创彬：硬"核"师傅

中广核工程有限公司专项试验资深专家，高级技师，全国劳动模范、全国技术能手，"中华技能大奖"获得者，享受国务院政府特殊津贴。周创彬带领团队开发出全国首个核电站数字化运行程序，替换了此前由国外研发和生产的操作系统，填补了国内的空白，被称为核电站的"创师傅"。

黄云飞：云上飞速

中国电信集团移动通信首席专家，广东电信首席专家创新工作室负责人，“全国五一劳动奖章”获得者。黄云飞承担了工信部重大专项“4G网络关键问题研究”，带领团队对5G独立组网等“卡脖子”问题进行技术攻关和产品研发，实现了5G关键核心技术自主掌控。建成全球最大的5G共建共享网络，实现广东5G网络全球领先。

>>>>>>>>>>>>>>>>>>>>>>>>>>>>>>>>>>

从中原工匠、荆楚工匠到湖湘工匠，各地工会在工匠品牌塑造上可谓用心良苦。因地制宜发挥地区优势，以地区特点命名工匠，这种激励方式不仅推动着产业工人队伍建设改革方案有效落实、落地，更有力地推动着工匠品牌的塑造和延续，进而有力支撑国家的建设和发展。

中原工匠

张全民 张国华 马聚魁 王旭东
王旭朗 王建勋 张留杰 张 浩
陈长安 陈学德 苗 炜 范一兵
范素海 周 杰

荆楚工匠

周永和 甘多平 张义铁 陈远春
周 虎 赵宗合 刘永清 付成鹏
罗 贤 刘亚林 祝振东 何 洁

湖湘工匠

艾爱国 付 玲 邓元山 唐银波
刘建伟 宁澔如

张全民：全能车工

平高集团有限公司加工中心操作工，高级技师，全国劳动模范、“全国五一劳动奖章”获得者、全国技术能手、“中华技能大奖”获得者、河南省劳动模范、“河南省五一劳动奖章”获得者，享受国务院政府特殊津贴。张全民先后获得发明和实用新型专利 10 余项，省部级科技进步奖 4 项，中国机械工业科技进步奖三等奖 2 项。

张国华：卷绕大王

河南平煤神马集团帘子布发展公司卷绕工人，“全国五一劳动奖章”获得者、“河南省五一劳动奖章”获得者。张国华能“火眼金睛”查毛丝、“手到病除”排异常、“隔空诊断”除故障，还能“妙手无双”探毫厘。他的岗位巡检里程累计达到 13 万公里左右，可以用一根仅有头发丝三分之一粗细的丝线“作画”，有着“中国第一卷绕工”的美誉。

马聚魁：汝窑魁星

河南省平顶山市宝丰县魁汝汝瓷有限公司董事长，国家一级陶瓷（汝瓷）工艺师、高级工艺美术师、国家级非遗项目“汝瓷烧制技艺”省级传承人、大国非遗工匠，“河南省五一劳动奖章”获得者、平顶山市劳动模范。

王旭东：炭素精英

中国平煤神马集团开封炭素有限公司自动化主管，高级技师，河南省石化医药系统大工匠、开封工匠。王旭东主持完成自动化设备改造、技术创新 62 项，取得 4 项实用新型专利。他完成原料系统改造、压型自动打捞系统等 62 项重大项目。

王旭朗：心筑坦途

南阳市辽原筑路机械有限公司技术总监，高级工程师，豫宛大工匠。王旭朗带领团队培养多名年轻技术人员，公司产品远销世界 30 多个国家和地区，在全国筑路机械行业，沥青混合料搅拌设备出口量名列前茅。他获得国家发明专利 1 项，实用新型专利 16 项。

王建勋：捻织建勋

河南平煤神马集团帘子布发展公司捻织二厂布机保全工段长，河南省劳动模范、“河南省五一劳动奖章”获得者、河南省技术能手、中原大工匠、平顶山市道德模范、中国平煤神马集团首席技能大师。

张留杰：聚“胶”传动

金久龙实业有限公司总工程师，中国橡胶工业协会胶管胶带分会优秀科技工作者、开封市创新团队带头人、开封工匠。张留杰带领科技攻关团队，先后完成了环保型园林机械用 V 带、彩色传动带等新产品开发及鉴定工作，获得省市级科研成果 16 项、发明专利 4 项，产品填补了国内空白，技术达到了国内领先水平。

张浩：焊技真功

中国船舶集团第七二五研究所技能专家，全国技术能手、中央企业青年岗位能手、“河南省五一劳动奖章”获得者。2019 年，张浩参与新一代载人深潜器钛合金耐压球壳的研制，实现载人球壳的焊接突破。他参与我国 LNG 铝合金大型气化器首台国产项目的试验焊接及成品焊接，此产品的圆满运行成功突破了 8 项关键技术难题，填补了国内空白。

陈长安：炊金馔玉

中国烹饪大师、豫菜大师、开封陈家菜非遗传承人，开封工匠，曾获“第二届、第三届全国烹饪大赛金牌”等荣誉。陈长安精通豫菜，继承陈家菜绝技，在冷菜、热菜、面点、雕刻及烹饪理论方面独树一帜。

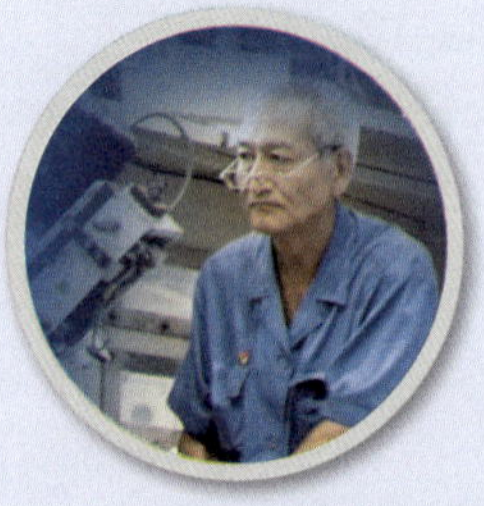

陈学德：维保匠星

河南中烟驻马店卷烟厂制丝车间机修工、高级技师，驻马店市天中工匠。陈学德是全国烟草行业唯一“五证俱全”的维修专家。他在技术领域深钻细究，带领维修团队先后攻克了很多技术难题，并主持完成减速机万能连接座、滚筒式叶丝回潮机入口密封装置等技术项目。

苗炜：赋魂汴绣

开封市工艺美术研究所绘画研究室主任，中国工艺美术大师、中国刺绣艺术大师、高级工艺美术师，首届轻工大国工匠、开封工匠。苗炜以“线象”二字写艺术人生，写生、勾图、穿针、引线。她把一根线劈成238根丝，一种颜色分为12个色阶，绣线配色和针法运用炉火纯青。

范一兵：胶片新传

河南省南阳柯丽尔科技有限公司总工程师，南阳市豫宛大工匠。范一兵发明并生产出具有完全自主知识产权的医用干式胶片，获得医学影像胶片创新奖。他主持开展的自研热敏胶片开了国产医学影像输出领域低碳环保化无污染的先河，打破了国外同类产品在我国医疗市场上的垄断。

范素海：燃气雷锋

河南省平顶山燃气有限责任公司燃气具发展分公司燃气具维修班班长，全国劳动模范、“全国五一劳动奖章”获得者、全国学习雷锋志愿服务先进个人。范素海坚持自学了有关电、光、化学、水暖、热敏等多领域的知识，技术水平始终与燃气具制造技术发展保持同步。

周杰：豫菜金厨

中国烹饪大师、餐饮业国家一级评委、河南省豫菜金牌人物，“中华金厨奖”获得者、“中国名厨白金奖”获得者、开封市劳动模范、开封市拔尖人才、开封工匠。周杰多次在重量级烹饪界大赛中取得良好成绩，他注重豫菜文化的继承与创新，潜心研究豫菜宴席的设计，精研色、香、味、形、器的巧妙搭配。

荆楚工匠

周永和

巧拼『天眼』

中船重工武昌船舶重工集团有限公司起重工，曾任 FAST 反射面单元吊装工程现场生产主管，曾参与建设过多项国家重点工程。中国超大射电望远镜建设项目被称为 FAST 工程（“天眼”），FAST 工程的主体部分是一个口径 500 米的球面反射镜，安装在巨大的索网结构上，总面积达到 25 万平方米。在担任 FAST 反射面单元吊装工程现场生产主管期间，周永和在起重工的本职岗位上完成了一次次的挑战和重大而光荣的历史使命。

大国工匠视频

甘多平：推“茶”出新

曾任湖北省赵李桥茶厂有限责任公司高级评茶师，国家级非物质文化遗产代表性项目“赵李桥砖茶技艺”第四代传承人，全国供销合作社系统劳动模范、“湖北省五一劳动奖章”获得者。

张义铁：石油铁人

中国石油化工股份有限公司江汉油田分公司清河采油厂采油一队采油工，全国劳动模范、全国技术能手，享受国务院政府特殊津贴。张义铁是全国石油石化行业知识型、技能型、创新型高技能人才的领军人物。2021 年，在全国第十五届高技能人才表彰大会上，张义铁获颁“中华技能大奖”，被誉为“工人院士”。

陈远春：爆破队长

中国能建葛洲坝集团易普力新疆爆破工程公司准东分公司爆破队长，一级爆破工。入行 22 年，陈远春完成爆破任务 1.5 万余次，事故率为零。陈远春的爆破队最高单日一次性爆破方量达到 130 万立方米，相当于北京自来水厂每日利用“南水北调”的体积总量；单月完成 820 万立方米的爆破任务。

周虎：钳工虎匠

武汉船用机械有限责任公司设备装配工、高级技师，中国船舶重工集团公司“首席技能专家”，全国技术能手，享受国务院政府特殊津贴。周虎曾连续摘取了三届武汉市职业技能大赛钳工桂冠，并先后获得“中央企业知识型先进职工”“湖北省首席技师”“武汉市劳动模范”等几十项荣誉和称号。

赵宗合：电针花火

中国一冶集团有限公司武汉一冶钢结构有限责任公司焊工、高级技师，全国劳动模范、全国技术能手、“全国五一劳动奖章”获得者，享受国务院政府特殊津贴。赵宗合是全国冶金建设行业高级技能专家，湖北省首席技师，具有焊工“国家级职业技能竞赛裁判员”资格。

刘永清：机床神手

武汉重型机床集团有限公司下属机械加工公司机床操作工，“武汉五一劳动奖章”获得者。刘永清从事大型机床核心部件加工，探索出的机床操作法，在一些重点项目核心部件的精密加工制造中被广泛应用。

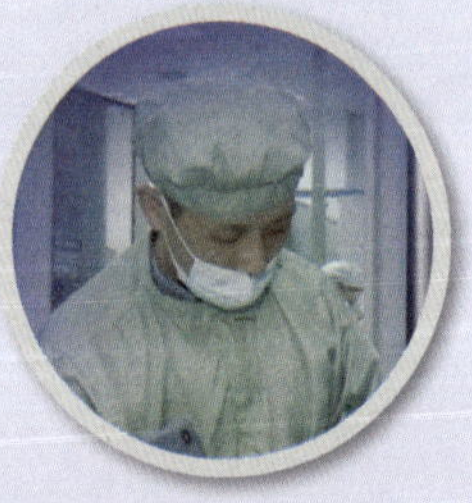

付成鹏：光信使者

武汉光迅科技股份有限公司光路设计与工艺工程师，“湖北省五一劳动奖章”获得者。付成鹏团队的“一种实现目标拉曼增益锁定的方法及拉曼光纤放大器”成果，已申请了 18 项中国发明专利，8 项美国发明专利、2 项欧洲发明专利，主要应用在超高速、长距离光通信网络及光纤传感领域，目前 80% 以上产品出口欧美，占全球市场份额第一。

罗贤：百炼千焊

武昌船舶重工集团有限公司电焊工，全国技术能手、全国特级技师、中国船舶集团技术带头人、“湖北省五一劳动奖章”获得者，享受国务院政府特殊津贴。罗贤是国防海军装备生产最前线的“90 后焊接大师”。他攻克了异种钢焊接工艺工法难关，填补了我国船舶行业空白。

刘亚林：手眼为尺

武汉中原电子集团有限公司模具钳工，中国电子青年岗位能手、中央企业青年岗位能手、武汉市技术能手。刘亚林每天都要进行长达 8 小时的锉刨磨钻，零件之间缝隙精度必须控制在 0.02 毫米以内，而他不需要测量工具，可肉眼测出半径在 5 厘米以内的圆弧角，完成模具修配。

祝振东：顶上功夫

烽火通信科技股份有限公司研发部副总经理，“全国五一劳动奖章”获得者，“湖北省科技进步二等奖”获得者。祝振东牵头制定了中国通信 CCSA 行业标准 1 项，发表国家核心期刊论文 1 篇，发明专利 21 项。2018 年，祝振东转战机顶盒产品领域，带领团队成功地将机顶盒产品市场地位提升到国内第一梯队。

何洁：茶韵悠长

湖北恩施学院硒茶学院院长，恩施州技能大师工作室领办人，湖北省技术能手、湖北省二八红旗手、“恩施州五一劳动奖章”获得者。作为国家非物质文化遗产恩施玉露制作技艺代表性传承人，何洁连续 5 年策划组织恩施硒茶专场推介会，为扩大恩施硒茶知名度与美誉度作出了积极贡献。

艾爱国

钢铁焊侠

湘潭钢铁集团有限公司焊接顾问，曾获“七一勋章”“全国劳动模范”“全国道德模范”等荣誉和称号。艾爱国多次主持国内重大项目、重大工程的焊接技术攻关工作，为我国冶金、军工、矿山、机械、电力等多个行业攻克焊接技术难关400多个，改进工艺120多项。他的焊接质量达到国际I级标准，他被国内外专家称为“了不起的焊工”“钢铁裁缝”。他主持的氩弧焊接法焊接高炉贯流式风口项目获得“国家科学技术进步奖”二等奖。

大国工匠视频

付玲：机械“玲”跑

中联重科党委委员、副总裁、总工程师、研究院院长，“全国五一劳动奖章”获得者、全国三八红旗手、湖南省优秀共产党员。付玲主持研制出国内首台超大吨位 3200 吨履带吊、全球最大吨位 2000 吨全地面起重机等一批超大、超高、超强“国之重器”，满足了国家重大工程建设的需要，引领了我国工程机械行业技术的发展。

邓元山：工业庖丁

中国航发南方工业有限公司特级技能师、中国国防邮电职工技术协会数控铣工，全国技术能手、湖南省技能大师、湖南省劳动模范、中国航发技能大师、中央企业百名杰出工匠。邓元山带领工作室成员自主研发 19 项机械加工技巧，申请专利 18 项，已有多项技术达到行业先进水平。

唐银波：尖刀精铣

江麓机电集团有限公司三分厂 301 车间铣工中国兵器集团公司“首席技师”，全国劳动模范、“全国五一劳动奖章”获得者、全国技术能手、湖南省技能大师。唐银波先后参与 20 余项国家高新工程、100 余项兵器工业集团公司武器装备研制项目等一系列军品电器的研制生产，为国防建设作出了突出贡献。

刘建伟：精磨险锉

湖南兵器长城机械有限公司钳工、高级技师，全国技术能手、湖南省劳动模范、湖南省技能大师。刘建伟设计和制作的刀具、模具等的精密度都很高，表面粗糙度能控制在 0.2 微米以内。刘建伟研制出一套专用刀具，其工作效率较传统方法提高 10 倍，这项操作法被湖南省职工技术协会命名为“刘建伟刀具加工法”。

宁澔如：逐风掣电

特变电工衡阳变压器有限公司设计部副部长，湖南省工业新兴优势产业链中层骨干人才、“衡阳市五一劳动奖章”获得者、特变电工劳动模范。宁澔如参与并带领团队掌握了特高压交直流输电、大型水电、火电、核电主变设计制造和安装调试等输变电制造领域核心技术，实现了产品电压等级的跨越，获得“国家科技进步特等奖”1 项、“国家科技进步一等奖”2 项、“中国机械工业科技进步特等奖”2 项、“中国机械工业科技进步一等奖”1 项等多个技术创新荣誉。

>>>>>>>>>>>>>>>>>>>>>>>>>>>>>>>>>>

大国工匠是企业、社会和国家共同的宝贵财富，以更大力度培养更多高素质技能人才、能工巧匠、大国工匠，应该是从政府、工会，到企业、社会的共同行动。从各地评选的工匠身上足以窥见各地的特色产业。

四川工匠

刘时勇　沈才洪　范国琼　钟俊林

云岭工匠

耿家盛　寸发标　孙鸿雁　时鲁峰

张国荣　李明忠　张大付　缪沅振

朱国金　保明伟　阿　格　金荣革

孔凡岗　梁　佶

陇原工匠

李云鹤　卢朝鹏　交巴加布

孙怀君　杜　钧　李　宏　张自飞

张换彬　陈忠祥　阙卫平　王玉明

孙青先　杨锡仓　邹　斌　宋军光

赵洪刚　魏晋辉　王铁林　刘春杰

崖宏伟

刘时勇：逐梦长空

成都飞机工业（集团）有限责任公司飞机铆装钳工，全国劳动模范、“全国五一劳动奖章”获得者、“中华技能大奖”获得者、全国技术能手。刘时勇首创“空间转换法”“刘氏铆接法”等精确修配方法 50 余种，攻克技术难关 60 余项。

沈才洪：传世酒匠

四川泸州老窖股份有限公司副总经理、总工程师，中国酿酒大师，全国劳动模范，首批国家级非物质文化遗产项目代表性传承人。沈才洪擅长包括泥窖制作维护、大曲药制作鉴评、原酒酿造摘酒、原酒陈酿、勾兑尝评等多方面的技艺。

范国琼：勾兑芳华

四川宜宾五粮液集团有限公司车间主任，高级工程师，全国劳动模范、全国技术能手。范国琼带领团队开发并实现了计算机勾兑专家系统，开创了我国现代酿酒技术与传统工艺相结合的新局面。她带领开展的《白酒中金属元素的测定及其与酒质的关系》项目研究，通过了省级技术鉴定，填补了我国此方面研究的空白。

钟俊林：蜀中焊匠

中车资阳机车有限公司电焊工，高级技师，全国劳动模范、全国技术能手。钟俊林全力研制新产品，推进焊接机器人在机车上的应用，焊接自动化率达 20.65%，生产效率提高 30%。他担当“一带一路”机车运输维保焊接负责人，得到巴基斯坦铁道部高度赞扬。

耿家盛：车刀绝刃

中铝集团中国铜业昆明重工佳盛慧洁特种设备制造有限公司技术服务部部长，全国劳动模范、“全国五一劳动奖章”获得者、全国技术能手、兴滇技能人才。耿家盛领衔主导四辊可逆液压冷轧机组等创新型产品研发和设计，取得多项重大技术突破，公司设计制造的轧机机械结构、机组性能、控制水平和产品精度均达到国内同行业先进水平。

寸发标：银艺助乡

鹤庆寸发标文化产业有限公司董事长，高级工艺美术师、中国工艺美术大师、国家级非物质文化遗产项目鹤庆银器锻造技艺代表性传承人、联合国教科文组织“民间工艺美术大师”、全国乡村青年民间工艺大师，云南省劳动模范、“云南省五一劳动奖章”获得者。

孙鸿雁：内里乾坤

昆明理工大学教授，云南鸿雁内画艺术研究院创新工作室负责人、滇派内画创始人，创立了“滇派内画”技艺。2015 年滇派内画荣获云南省特色文化产业知名品牌。孙鸿雁创作的 60 件作品获国内外艺术展金、银奖，2 件被国家和省级博物馆收藏。为传承保护非物质文化遗产发挥了示范引领作用。

时鲁峰：修障航班

东方航空技术有限公司云南分公司技术支援和运行控制专家。时鲁峰曾多次作为选手或者教练参加国际、国内举办的机务维修技能竞赛，获得国际航空公司组团体第三名，被国务院国有资产管理委员会授予“中央企业技术能手”称号。

张国荣：傣乡筑梦

云南省德宏傣族景颇族自治州知名非遗传承人，“全国五一劳动奖章”“云南省五一劳动奖章”“中国工艺美术典型人物奖”“云南省工艺美术行业十大领军人物奖”获得者。2017 年，张国荣被列为德宏州第四批非物质文化遗产项目代表性传承人。他专注于边疆少数民族建筑文化艺术研究，率队先后将瑞丽市棒蚌村、喊沙村、银井村、大等喊村等村寨建设成富有本土少数民族特色的新农村。

李明忠：胶林机师

云南天然橡胶产业集团西双版纳景阳有限公司勐捧第一制胶厂机修班班长，全国劳动模范、云南省劳动模范。李明忠长期从事橡胶加工机械运维和技术改造工作，其引领的 16 项技术创新改造项目为公司生产提质增效、节能降耗提供了坚实的技术保障，获实用新型专利 1 项。

张大付：方寸精工

云南昆船机械制造有限公司高级技师，“云南省五一劳动奖章”获得者、第一届云岭技能大师、云南省数控车工技术状元。张大付一直在云南昆船机械制造有限公司从事数控车操作工作，其生产加工的贵重零件合格率达到了 99%，为车间设备维修零件自主化作出了积极贡献。

缪沅振：慧眼识矿

中国铜业云南铜业玉溪矿业有限公司选厂选矿技术员兼磨选工段工段长，全国劳动模范、全国优秀农民工、云南省劳动模范、“云南省五一劳动奖章”获得者。缪沅振创新研究出了浮选岗位“三辨”“四调”和“稳当先”的缪氏工作法，训练出用肉眼就能秒判选矿原矿品位的绝技高招。

朱国金：引水济滇

中国电建集团昆明勘测设计研究院有限公司总工程师、滇中引水工程设计总工程师，科学中国人物“杰出青年科学家”、“云南省五一劳动奖章”获得者。朱国金研发的基于 BIM+ 的长距离调水工程全生命周期信息化整体应用平台，达到国际领先水平。获得云南省科技进步特等奖 1 项、三等奖 1 项，中国电力科学技术三等奖 1 项，发明专利 3 项。

保明伟：大象医生

西双版纳野象谷景区有限公司执业兽医师，全国优秀农民工、“中国野生动物保护协会斯巴鲁生态保护奖”获得者、云南省劳动模范、“云南省五一劳动奖章”获得者。保明伟擅长野象救助及助养、麻醉吹管绝技，自创麻醉大象的吹管武器，攻克了在野外救助野象过程中近距离给象麻醉的技术难题。

阿格：藏医浮针

香格里拉阿格中藏医门诊主治医师，云岭工匠。阿格专注于藏医药工作，系迪庆州藏族民间传统藏医骨伤疗法传承人—瑙巴亨嗹家族藏医骨伤疗法第六代传人。她围绕藏医（骨伤疗法—浮针医学）等方面开展医疗攻关，采用传统藏医与现代针灸相结合的方法，提升诊疗技术，提高了藏区医疗水平。

金荣革：矿山猛将

云南磷化集团有限公司尖山磷矿产品加工运输中心生产班副班长，高级技师，“云南省五一劳动奖章”获得者、云岭技能大师。金荣革先后完成技术攻关、“五小”创新等课题 50 余项，解决了制约产能和产品质量的瓶颈问题，尤其是对磷矿石加工装置的一系列工艺改造、技术改进，获国家实用新型专利 1 项。

孔凡岗："凡"越山岗

云南煤业能源股份有限公司重装集团机修厂钳工组组长，高级技师，云南省工业企业工具钳工技术能手。孔凡岗发明的一种组合式锪刀，既能保证锪孔端面加工质量和作业安全，又能降低生产成本，提高功效，对提升产品质量作出显著贡献。获发明专利 1 项、实用新型专利 1 项。

梁佶：楼似磐石

云南省设计院集团有限公司结构副总工程师、正高级工程师，云岭工匠。梁佶先后参与和完成减隔震百余项，包括"昆明恒隆广场"等多项超高层和"昆明滇池国际会展中心"等大型复杂项目十项，率先在国内大规模运用减隔震技术，隔震、减震新技术处于国内领先水平。获得全国优秀工程勘察设计奖 9 项、云南省优秀工程勘察设计奖 6 项。获得实用新型专利 7 项。

陇原工匠

李云鹤

壁画『医生』

中国著名的古代壁画与彩塑保护修复专家，文物保护工程责任工程师，研究馆员，曾获“甘肃省五一劳动奖章”等荣誉和称号。李云鹤是国内成功复原整体易地搬迁石窟的第一人，也是国内成功运用金属骨架修复保护壁画的第一人。“筛选壁画修复材料工艺”获 1978 年“全国科学大会成果奖”，“莫高窟第 161 窟起甲壁画修复”“敦煌壁画颜料 X 光谱分析及木构建筑涂料”获文化部“科学技术进步奖”一等奖，“敦煌莫高窟环境及壁画保护研究”获国家文物局三等奖。

大国工匠视频

卢朝鹏：炼油达人

中国石油兰州石化公司炼油厂催化二联合车间催化装置二班班长，全国劳动模范。卢朝鹏和其他技术人员解决了年 300 万吨催化烟气轮机发电机发电量时有波动的问题，攻克了年 40 万吨气分装置丙烯收率不理想的难题，将丙烯收率由 30.4% 提高到 30.9%。

交巴加布：唐卡传承

夏河县拉卜楞善提画苑有限责任公司画师，甘南藏族唐卡省级传承人，“甘肃省五一劳动奖章”获得者。交巴加布熟练掌握了唐卡绘制的技法要点，尤其在着色、晕染、勾线和上色等方面有极深的造诣，技艺师承谱系明晰。他积极参与艺术展演和学术交流活动，在甘南地区具有一定的代表性和广泛的社会影响力。

孙怀君：汽修教授

兰州石化职业技术学院汽车维修专业教师。孙怀君在中国汽车工程学会等单位联合举办的首届“中国汽车诊断师大赛”上获得了此次大赛的全国总决赛冠军。

杜钧：精焊细術

甘肃省酒泉钢铁有限责任公司嘉峪关宏晟电热有限责任公司焊工，全国劳动模范、全国技术能手。杜钧先后取得了 12 个不同的焊接项目资质证，完成了钛板及复合钛板的焊接工艺研究及其在烟气恶劣环境下的焊接技法等 60 多项技术革新项目、60 多项技术攻关，其总结提炼的焊接法与技术绝活儿，有效应用于生产实践。

李宏：飞跃天堑

国网金昌供电公司设备管理部配电运检专责人，“甘肃省五一劳动奖章”获得者。李宏多次在带电作业中摸索方法、积累经验，改进绝缘杆作业法，使外出作业需携带的绝缘杆数从 10 根减少至 5 根左右，提升了工作效率，他将这一技术申请实用新型专利，荣获国网甘肃省电力公司 2018 年专利奖。

张自飞：守护神舟

天水华天电子集团七四九电子有限公司高级技术主管，“全国五一劳动奖章”获得者、全国劳动模范。张自飞主导研制的变换器被应用于“神舟飞船”返回舱高度控制装置和“嫦娥卫星”着陆器关机敏感器，助力“神舟”八、九、十、十一号载人飞船成功返回和“嫦娥”三号、四号探测器实现月球表面软着陆，为航天着陆系统控制装置组件国产化起到了积极推动作用。

张换彬：“钳”心为核

中核集团四〇四有限公司首席钳工技师，全国技术能手、“中华技能大奖”获得者，享受国务院政府特殊津贴。由张换彬牵头开展的固体废物处理设施研制项目，成功解决了在高放射性场所遥控操作的难题，解决了固体废物处理的瓶颈问题。他还组织完成了数十项科研课题，并先后荣获省部级荣誉称号 30 多项。

陈忠祥：桥隧担当

兰州铁路局定西工务段桥隧工，“全国五一劳动奖章”获得者、“火车头奖章”获得者。陈忠祥潜心钻研铁路桥隧专业知识，成功解决桥隧维修养护中的关键性技术问题，撰写铁路桥隧专业书籍和培训教材近十册 100 余万字，带领团队先后研发出成果 17 项，培养技师、高级技师 100 余名，从“门外汉”到“桥隧大师”，被誉为铁路行业的桥隧专家。

阙卫平：钢铁裁缝

兰石集团重装公司青岛公司冷作工首席操作师，“中华技能大奖”获得者，全国技术能手、全国劳动模范。阙卫平发明“U 型管五点定位法”，攻克了传统下料方式存在的管头误差难题，被兰州市总工会授予“兰州市职工先进技术操作法”。他参与生产制造的大型加氢反应器、四合一连续重整反应器等多项国家重大装备，填补了国内多项空白。

王玉明：匠心守砚

国家级制砚艺术大师、甘肃省一级工艺美术大师、甘肃省卓尼洮砚协会会长，“甘肃省五一劳动奖章”获得者。王玉明擅长人物砚的雕刻，他的作品《西厢记洮砚》在第 15 届全国文房四宝精品博览会上荣获金奖，巨型洮砚作品《红楼梦砚》在第 8 届中国九色甘南香巴拉旅游艺术节暨首届卓尼风情旅游艺术节洮砚工艺的展评中获得特等奖。

孙青先：乙烯炉王

中国石油天然气股份有限公司兰州石化分公司石油化工厂乙烯联合车间操作工，全国技术能手、全国劳动模范，享受国务院政府特殊津贴。孙青先总结摸索出一整套炉温控制方法，实现了对裂解反应温度的精确控制，先后解决了乙烯行业关键操作技术难题 20 多项。

杨锡仓：问道岐黄

甘肃中医药大学附属医院主任中药师，中药炮制制剂科首席专家，“甘肃省五一劳动奖章”获得者。杨锡仓从事中医药工作 50 多年来，主持和参与完成了省级科研课题 13 项，其中有 4 项成果获省厅级奖励；获得 4 项国家专利。他主编和参与编写学术著作 8 部，并主持和参与拍摄了《本草中华》等五部本草类影视作品。

邹斌：工人教授

兰石集团车工首席操作师，全国技术能手、全国劳动模范、“全国五一劳动奖章”获得者，享受国务院政府特殊津贴。邹斌先后参与完成技术攻关和操作创新 70 余项，获得专利授权 8 项。他研发的“加强型多用途数控镗床刀座”技术，解决了大型数控落地镗床加工大直径零件时机床主轴及刀柄系统刚性不足的难题，填补了国内机床行业空白。

宋军光：光明使者

国网兰州供电公司配网带电作业中心作业班班长，国网甘肃省电力公司配网带电作业领军人物，全国电力行业“技术能手”、“甘肃省五一劳动奖章”获得者。宋军光研究完成了“10 千伏配电线路带负荷更换柱上开关作业法”“带电立钢杆作业法”等一批技术革新项目。他作为现场工作总指挥完成全国首次 3000 米以上高海拔地区配网带电作业项目，成功填补了我国高海拔地区 10 千伏配网带电作业的历史空白。

赵洪刚：火药大师

甘肃银光化学工业集团有限公司含能材料分公司化工三厂 112 工组组长，中国兵器集团关键技能带头人，高级技师，“甘肃省五一劳动奖章”获得者。赵洪刚所带领的工组每年都超额完成生产任务，各项产品一次交验合格率均远远高于行业指标要求，亚洲领先，国际一流。

魏晋辉：金牌蓝领

中核兰州铀浓缩有限公司操作工、高级技师，“甘肃省五一劳动奖章”获得者。魏晋辉参与了从扩散法到引进离心法、国产离心法再到千吨级铀浓缩供取料生产系统调试启动及运行维护工作。他开展了形式多样的技术创新、技能攻关和技艺传承活动，带出了许多徒弟，有些徒弟已成为生产系统的技术骨干。

王铁林：检车大拿

中国铁路兰州局集团有限公司兰州西车辆段货车检车员，高级技师，国家级“王铁林技能大师工作室”负责人、铁路总公司工匠人才创新工作室领衔人。王铁林研发推广了铁路货车闸瓦间隙调整器调整手把、拉风线排风卡具、液压脚蹬弯曲调整机具、主管法兰分离器、更换 K2 型转向架摇枕弹簧液压机具等许多先进的货车运用现场检修工具。

刘春杰：采油状元

玉门油田老君庙采油厂高级技师，中国石油天然气集团有限公司技能专家。刘春杰带领团队研发创新成果 77 项，取得国家专利 27 项，总结先进操作法 33 项，为老油田持续稳产上产作出了重要贡献。

崔宏伟：百炼成器

中核兰州铀浓缩有限公司冷作工（铆工），第九车间容器组装生产线负责人、高级技师。崔宏伟先后提出改进优化技术方案 18 个，自行设计制作了 5 套工装模具。由他提出的许多工作方法已经在公司非标设备加工制造中得到有效运用和推广。

附录

直播中心直播列表

2023年7月28日

9:00–10:00	**开幕特别报道：** 站在劳动的聚光灯下——从技术工人到大国工匠的黄金时代
10:00–10:10	**特别节目：**祝贺盛会开幕
10:10–11:00	**激活“创新因子”——全国示范性创新工作室视频展播（上）**
11:00–11:20	**开幕快评：工匠之光闪耀时**
11:20–12:00	**《中国工人蓝沙发第二季》—— 看见 · 大国工匠的创新之路** 王曙群
12:00–12:20	**云游展区** **全国总工会展区** 火箭发动机焊接技术讲解 高温室效应气体六氟化硫减排技术及应用讲解 白酒盒装产品数字化检测及封装关键技术与应用创新成果讲解
12:20–12:30	**云游展区** **巾帼工匠展区** 松辽剪纸技艺展示
12:30–12:50	**云游展区** **中国民航工会–中国金融工会–中国教科文卫体工会–中国海员建设工会–中国能源化学地质工会展区** 民航空管集成塔台讲解 南航天瞳系统（飞机远程故障诊断）讲解

12:50–13:20	**联动直播 · 匠心笃行——对话三秦工匠** 对话工匠： 刘湘宾（大国工匠、三秦工匠） 何小虎（大国工匠、三秦工匠）
13:20–13:35	**云游展区** **北京市总工会展区**
13:35–13:50	**特别访谈**
13:50–14:20	**云游展区** **中华全国铁路总工会展区** 复兴号模拟驾驶舱讲解 以京华号为代表的盾构机设备讲解 充满科技感的12306 一点也不能差的铁路重载 高寒铁路的安全密码 “昆仑号”千吨级高铁箱梁运架一体机讲解
14:20–14:50	**工匠说 · 大国工匠专场**
14:50–15:30	**云游展区** **天津市总工会–河北省总工会–山西省总工会–内蒙古自治区总工会–辽宁省总工会–吉林省总工会展区** 配网作业机器人操作展示 定瓷雕刻技艺展示 目测配钥匙技艺展示 电动砂轮灯泡上断铁丝技艺展示 手电钻钻气球技艺展示

14:50–15:30	创新成果代言： 钢轨焊缝双频正火设备及工艺 万吨级轻稀土碳酸盐连续化生产工艺研究及产业化项目成果 马头琴乐器演奏
15:30–15:50	**对话·工匠人才培养之路** 主题——创新工匠选树模式
15:50–16:10	**联动直播·巧手匠心——江苏大工匠访谈** 精密部件加工讲解 技法传承精进讲解
16:10–17:00	**云游展区** **黑龙江省总工会–上海市总工会–江苏省总工会–浙江省总工会–安徽省总工会–福建省总工会–江西省总工会展区** 创新成果代言：全球首台“华龙一号”核反应堆压力容器 剪纸技艺展示 创新成果代言：丹阳眼镜新技术 汽车悬架系统创新组装技术及应用讲解
17:00–18:00	**联动直播·匠心酿造**
18:00–18:30	**《中国工人蓝沙发第二季》—— 看见·大国工匠的创新之路** 刘淼
18:30–19:00	**探访中国职工之家工匠驻地**
19:00–24:00	**工匠之夜（上）：追光而行**

2023年7月29日

0:00-7:00	**工匠之夜（上）：追光而行**
7:00-8:00	**大会第一日直播精彩集锦**
8:00-8:30	**《中国工人蓝沙发第二季》—— 看见·大国工匠的创新之路** 孙红梅
8:30-9:00	**对话·工匠人才培养之路** 主题——打造"全明星"工匠阵容
9:00-9:15	**云游展区** **中国机械冶金建材工会-中国国防邮电工会-中国财贸轻纺烟草工会-中国农林水利气象工会展区**
9:15-9:45	**工匠说·第七届全国职工优秀技术创新成果一等成果获得者专场**
9:45-10:20	**云游展区** **山东省总工会-河南省总工会-湖北省总工会-湖南省总工会-广东省总工会-广西壮族自治区总工会展区** 汴绣技艺展示 湘绣技艺展示 生鸡蛋刻字技艺展示 创新成果代言：高档数控机床高速精密电主轴关键技术及应用——气浮电主轴DQFX-12060 铜凿剪纸技艺展示
10:20-10:50	**联动直播·惟楚有材——荆楚工匠技艺展演**
10:50-11:00	**云游展区** **海南省总工会-重庆市总工会展区** 黎锦织绣技艺展示 苗绣技艺展示

11:00–11：30	**工匠说 · 巾帼工匠专场**
11:30–12:00	**《中国工人蓝沙发第二季》—— 看见 · 大国工匠的创新之路** 张玉川
12:00–12:30	**工匠说 · 手工艺工匠专场**
12:30–12:50	**云游展区** **四川省总工会–贵州省总工会–西藏自治区总工会–云南省总工会展区** 秘制132雪茄制作技艺展示 中式特调酒展示 苗族银饰锻制技艺之编丝掐丝工艺制作技艺展示 诊脉技艺展示
12:50–13:20	**联动直播 · 匠风绽艺——塞上工匠技艺展示**
13:20–13:50	**优秀技术工人百工百法丛书首发式**
13:50–14:30	**云游展区** **陕西省总工会–甘肃省总工会–宁夏回族自治区总工会–青海省总工会–新疆生产建设兵团总工会–新疆维吾尔自治区总工会展区** 生鸡蛋钻孔蛋清不溢技艺展示 庆阳香包绣制技艺展示 绒绣制作技艺展示 改良数字化3D打印截骨定位板在上颌骨Le Fort Ⅰ型截骨术中的应用讲解 创新成果代言：天然彩色棉系列产品 套彩烙画技艺展示
14:30–15:30	**联动直播 · 北京分论坛** 弘扬新时代工匠精神　推动首都高质量发展
15:30–16:30	**联动直播 · 上海工匠技艺展演**

16:30–16:50	**云游展区** **河南省创新工作室联盟–港口工匠创新联盟–粤港澳大湾区创新工作室联盟–中国中铁劳模创新工作室联盟展区** 创新成果代言：竺士杰操作法
16:50–17:30	**《中国工人蓝沙发第二季》—— 看见·大国工匠的创新之路** 郑志明
17:30–18:30	**激活“创新因子”——全国示范性创新工作室视频展播（下）**
18:30–19:00	**《中国工人蓝沙发第二季》—— 看见·大国工匠的创新之路** 陈亮
19:00–24:00	**工匠之夜（下）：群星闪耀**

2023年7月30日

0:00–7:00	**工匠之夜（下）：群星闪耀**
7:00–7:30	**首届大国工匠创新交流大会纪实、首届大国工匠论坛纪实**
7:30–8:00	**大会第二日直播精彩集锦**
8:00–8:40	**各展区直播精彩集锦**
8:40–9:10	**闭幕特别报道：再出发，一起向未来（一）**
9:10–9:20	**大会宣传报道集锦**
9:20–9:50	**闭幕特别报道：再出发，一起向未来（二）**
9:50–10:00	**大会宣传报道集锦**
10:00–10:30	**闭幕特别报道：再出发，一起向未来（三）**
10:30–10:40	**大会宣传报道集锦**
10:40–11:00	**闭幕快评：工匠之光闪耀时**

各地直播列表

匠心耀三秦　共筑强国梦

陕西省总工会　工匠大会直播排期表

2023年7月28日　12:00–14:30

12:00–12:10	**专题片：群星璀璨——三秦工匠风采展示**
12:10–12:25	**匠心耀三秦　共筑强国梦——云游陕西省总工会展区** 高压设备柔性带电清洗机器人 讲解工匠：豆河伟　国网陕西省电力有限公司榆林供电公司电气试验工 曹又敏　国网陕西省电力有限公司榆林供电公司调控中心专工 MRCS型无人目标机（靶机） 讲解工匠：孙　华　中国飞行试验研究院试飞工程师 苏晓东　中国飞行试验研究院试飞工程师 石英半球谐振子、北斗卫星系列两型微波开关 讲解工匠：刘湘宾　大国工匠、三秦工匠 陕西航天时代导航设备有限公司数控铣工
12:25–12:50	**陕亮匠人——工匠精技展演** 生鸡蛋钻孔蛋清不溢 展演工匠：张新停　大国工匠、三秦工匠 中国兵器工业西北工业集团有限公司钳工、高级技师 双刀刻法牡丹纹盘 展演工匠：李竹玲　三秦工匠、耀州瓷刻传承人 铜川耀州窑李家瓷坊有限公司陶瓷雕塑雕刻堆雕工

	匠心笃行——对话三秦工匠	
	第一场：数控加工	
	对话工匠：刘湘宾	大国工匠、三秦工匠 陕西航天时代导航设备有限公司数控铣工
	何小虎	大国工匠、三秦工匠 中国航天科技集团有限公司第六研究院7103厂数控车工
	第二场：装配修复	
12:50-14:30	对话工匠：马　宇	大国工匠、三秦工匠 秦始皇帝陵博物院文物修复师
	胡　洋	大国工匠 中航工业西安飞机工业（集团）有限公司数字化装配操作工程师
	第三场：钳工钣金工相通之处	
	对话工匠：张新停	大国工匠、三秦工匠 中国兵器工业西北工业集团有限公司钳工
	李世峰	大国工匠、三秦工匠 中航工业西安飞机工业（集团）有限公司飞机钣金工

苏“新”工匠　走在前列

江苏省总工会　工匠大会直播排期表

2023年7月28日　14:50-17:40

14:50-15:00	**专题片：群星璀璨——江苏工匠风采展示**
15:00-15:50	**苏“新”工匠　走在前列——云游江苏省总工会展区** 超低温9Ni钢板开发 讲解人：谢章龙　南京钢铁联合有限公司板材事业部技术研发处主任 慈孚®全磁悬浮植入式左心室辅助系统 讲解人：孔凡雨　苏州同心医疗科技股份有限公司销售主管 风电运维母船 讲解人：韩　健　振华重工启东海洋工程股份有限公司物资采购部副经理 《流浪地球2》中的徐工集团7款设备 讲解人：袁　尹　徐工集团徐州重型机械有限公司工会副主席 超大吨位起重机梯圆螺纹车削加工 讲解人：孟　维　大国工匠、江苏大工匠 徐工集团徐州重型机械有限公司数控车技能工艺师 1.56基变色加膜光学树脂镜片、酷龄渐进系列镜片技术 讲解人：景荣平　江苏省镇江市丹阳市总工会党组书记、副主席 头盔通讯佩戴装置 讲解人：彭雪霏　徐工集团徐州建机工程机械有限公司工会副主席

15:50-16:10	**巧手匠心——江苏大工匠访谈** 职业学校如何培养工匠精神 讲解人：胡　胜　大国工匠、江苏大工匠 中国电子科技集团公司第十四研究所数控车调试工 讲解技法传承精进 讲解人：田　明　全国劳动模范、江苏大工匠 中石化江苏油田技能大师
16:10-17:00	**工匠和Ta的工会主席** 传承育芯，创就未来 工　　匠：王连生　南京中电熊猫晶体科技有限公司器件生产部经理 工会主席：陈　璐　南京中电熊猫晶体科技有限公司工会副主席 钢火传艺，匠心铸才 工　　匠：谢章龙　南京钢铁联合有限公司板材事业部技术研发处主任 工会主席：黄旭才　南京钢铁联合有限公司副总裁、工会主席
17:00-17:40	**《中国工人蓝沙发第二季》——看见·大国工匠的创新之路** 你好，一微米大师！ 陈　亮　全国劳动模范，无锡微研股份有限公司加工中心班组班长

匠星耀荆楚　建功先行区

湖北省总工会　工匠大会直播排期表

2023年7月29日　8:50-11:40

8:50-9:00	**专题片：群星璀璨——荆楚工匠风采展示**
9:00-9:40	**荆楚匠心——工匠创作访谈** FAST射电望远镜的反射面板拼接 访谈工匠：周永和　大国工匠 武汉武船重型装备工程有限责任公司工程管理员 控制0.02毫米的误差 访谈工匠：阎　敏　大国工匠，湖北三江航天江北机械工程有限公司一车间数控车工特级技师 加工产品所对应的8种对刀方法 访谈工匠：吴继农　荆楚工匠，中石化江汉油田分公司采油气工程技术服务中心首席技师
9:40-10:20	**匠星佳作——荆楚企业访谈** 高压设备等电位带电作业机器人 受访人：李劲彬　国网湖北电科院设备技术中心副主任 湖北电网运维检修标兵 空中造楼机 受访人：涂文磊　中建三局云构公司总经理助理 圆柱全极耳锂电池 受访人：米仁兵　武汉逸飞激光股份有限公司副总经理 3551光谷人才计划高端管理人才、武汉英才

10:20–11:00	**惟楚有材——荆楚工匠技艺展演** “海百合”智能音乐情感机器人才艺表演 展演团队：中国地质大学（武汉）音乐科技团队 恩施玉露茶艺展示 李慧莲　恩施市润邦国际富硒茶业有限公司茶艺师 利川红茶茶艺展示 关秋红　利川星斗山红茶有限责任公司茶艺师 高端新能源电动轿车“追光” 潘　晋　岚图汽车北京城市端产品专家 红安苕产品讲解 姚　峰　湖北省劳动模范，红安县瑞沣种植养殖专业合作社理事长
11:00–11:40	**《中国工人蓝沙发第二季》——看见·大国工匠的创新之路** 战鹰“心脏”手术师 孙红梅　2019年“大国工匠年度人物” 中国人民解放军第五七一三工厂特种工艺首席专家

匠星耀塞上　技艺报中华

宁夏回族自治区总工会 / 工匠大会直播排期表

2023年7月29日　11:50–13:50

11:50–12:00	**专题片：群星璀璨——塞上工匠风采展示**
12:00–12:40	**匠心相约，火酒交融——塞上工匠访谈** 张玉川　全国技术能手，国能宁夏石嘴山发电有限责任公司热机设备管理部焊接班高压焊工 俞惠明　中国酿酒大师，宁夏农垦酒业有限公司首席酿酒师兼技术总监
12:40–13:10	**匠风绽艺——塞上工匠技艺展示** 劳模创新工作室创新成果 讲解人：寇启芳　全国劳动模范 宁夏红寺堡区天源农牧业科技开发有限公司总经理 机器视觉与图像分析技术的柱状元件变形检测装置 讲解人：徐　波　国网宁夏电力有限公司建设分公司变电技术管理专责 高级工程师 输电线路智能监控技术 讲解人：李　波　国网宁夏超高压公司科技创新公司职工 杨氏泥彩塑技艺 讲解人：杨贤龙　宁夏隆德杨氏彩塑文物艺术有限公司副总经理 国家级非物质文化遗产项目杨氏彩塑自治区级传承人

13:10-13:50	**《中国工人蓝沙发第二季》——看见·大国工匠的创新之路** 15万根焊条里的人生 张玉川　全国技术能手 　　　　国能宁夏石嘴山发电有限责任公司热机设备管理部焊接班高压焊工	

上海工匠　创新卓越

上海市总工会　工匠大会直播排期表

2023年7月29日　13:50-17:10

13:50-14:00	**专题片：群星璀璨——上海工匠风采展示**
14:00-15:00	**上海工匠创新论坛** 从“上海师傅”到“大国工匠” 王曙群　中国航天特级技师 上海航天设备制造总厂有限公司三分厂对接机构总装组组长 张冬伟　全国技术能手、上海工匠 沪东中华造船（集团）有限公司高级技师 周琦炜　大国工匠，中国商飞上海飞机制造有限公司C919事业部工位长 杨戌雷　党的二十大代表、上海工匠，上海城投污水处理有限公司白龙港污水处理厂污泥处理车间主任 郭秋萍　上海工会干部管理学院教学部讲师
15:15-16:15	**上海工匠技艺展演** 赛道设计知识 姚启明　上海工匠，同济大学建筑设计研究院（集团）有限公司副总工程师 古琴演奏技艺 杨致俭　上海工匠，上海市非物质文化遗产古琴斫制技艺代表性传承人 上海市非物质文化遗产保护协会副会长

15:15–16:15	非遗海派插花技艺 朱道义　上海市劳动模范，上海静安园林绿化发展有限公司养护管理部经理 非遗珐琅制作技艺 陈徐奇　上海工匠，上海老凤祥珐琅首席技师 　　　　上海市非物质文化遗产海派金银珐琅器制作技艺第四代传承人 传统榫卯精湛技艺 顾惠明　上海工匠，上海济光职业技术学院建筑工程学院实训教学主任
16:15–16:30	**上海工匠　创新卓越——云游上海市总工会展区**
16:30–17:10	**《中国工人蓝沙发第二季》——看见 · 大国工匠的创新之路** 缔造“太空之吻” 王曙群　中国航天特级技师 　　　　上海航天设备制造总厂有限公司三分厂对接机构总装组组长

匠心耀天府　建功新时代

四川省总工会　工匠大会直播排期表

2023年7月29日　10:25-11:45

10:25-10:35	**专题片：群星璀璨——四川工匠风采展示**
10:35-11:05	**匠心耀天府　建功新时代——云游四川省总工会展区**
11:05-11:45	**《中国工人蓝沙发第二季》——看见 · 大国工匠的创新之路** 让历史乘风破浪 刘　淼　中国酿酒大师 泸州老窖酒传统酿制技艺第22代传承人

匠人匠心　酿造幸福

泸州老窖　工匠大会直播排期表

2023年7月28日　12:00-17:00

12:00-14:00	**视频展播**
14:00-14:15	**嘉宾开场 · 这“匠”有礼** 刘　淼　泸州老窖集团及股份公司党委书记、董事长
14:15-14:45	**探秘匠“新”成果** 云逛展
14:45-15:20	**老酒坊里的工匠故事** 秦　辉　四川省劳动模范 何　旭　酒城工匠
15:20-15:30	**这“匠”有礼**
15:30-15:55	**舌尖上的中式风味** 曾　娜　泸州老窖传统酿制技艺传承人
15:55-16:05	**这“匠”有礼**
16:05-16:35	**四川展区全馆展示**
16:35-17:00	**老酒坊里的工匠故事** 陈　垚　酒城工匠 代小雪　酒城工匠

匠人匠心　酿造幸福

泸州老窖　工匠大会直播排期表

2023年7月29日　9:00-17:00

9:00-9:15	**嘉宾开场 · 这“匠”有礼** 张宿义　泸州老窖副总经理、安全环境保护总监
9:15-9:40	**探秘匠“新”成果** 创新成果领衔人赵丙坤带你云参展
9:40-9:50	**舌尖上的中式风味** 中式特调酒勾调展示
9:50-10:15	**老酒坊里的工匠故事** 姚　瑶　“四川省五一劳动奖章”获得者 邵　燕　“四川省五一劳动奖章”获得者
10:15-10:30	**这“匠”有礼**
10:30-11:05	**四川展区全馆展示**
11:05-11:30	**老酒坊里的工匠故事** 张　鲲　泸州市劳动模范 黄　勇　泸州市首届酒城工匠
11:30-12:00	**探秘匠“新”成果** 外景主持人探访工匠大会与采访展区观众互动
12:00-14:00	**视频展播**

14:00－14:30	**老酒坊里的工匠故事** 代　宇　“四川省五一劳动奖章”获得者 刘世龙　四川工匠
14:30－14:35	**这“匠”有礼**
14:35－14:50	**视频展播**
14:50－15:05	**探秘匠“新”成果** 外景记者带领观众云逛展
15:05－15:20	**舌尖上的中式风味** 中式特调酒勾调展示
15:20－15:50	**老酒坊里的工匠故事** 周　军　泸州老窖传统酿制技艺传承人
15:50－15:55	**这“匠”有礼**
15:55－17:00	**匠心之路　对话浓香** 职工创新赋能企业高质量发展论坛

7月30日　9:00－10:30

9:00－10:10	**第二届大国工匠创新交流大会暨大国工匠论坛直播精选** **《中国工人蓝沙发第二季》——看见·大国工匠的创新之路** 刘　淼 现场访谈：对话·工匠人才培养之路·创新工匠选树模式 张宿义、冯家欣、孟祥忠 现场访谈：对话·工匠人才培养之路·打造“全明星”工匠阵容 熊娉婷、许子武、尤理明
10:10－10:30	**舌尖上的中式风味** 中式特调酒勾调展示

第二届大国工匠创新交流大会暨
大国工匠论坛直播团队

总策划 / 总统筹

李　瑾

总导演

白原远

首席主持

安　静

策划统筹

白原远　郑英伟　牛宏睿　许梦醒　于少文　秦笑语

导演组

郑英伟　秦笑语　许梦醒　丁一鸣　赵建国　卓英磊　倪　暄
许　亮　靳　拓　徐康桐　李丁丁　赵卓菲　王秋子

主持组

安　静　许梦醒　林　珊　孙子晴　柳　硕　董芳璐

导播组

林小文　孙剑腾　李　鑫　刘帆凡　李伟鹏　吴祥鸿　王绍军　赵涛涛

摄制组

张天宇　闫泽恺　朱　雷　严海清　徐川云　赵宇辰　邱国强
张拥军　曹　娃　李阳阳　罗婧怡　赵天地　朱金钰　黄海洋
张伟民　张小伟　徐锋超　杜　坤　屈自伟　周　鹏　玉　龙
胡志峰　郭亚龙　高　玺　时争光　聂建华　马　晓　宋翔雨
朱秋实　刘兆太　张希坤　夏立波　田　佳

后期制作组

王程旭　李如孟　张连钰　李景森　张　宇　牛二伟　王鹏超
杜　帅　郭昭文　杨　硕　杜云泽　赵永帅　王卫乐　李　晶
倪启瑞　刘新宇　刘旭东　王浩玉　赵　楠　石靖怡　王　玮
张　萌　海　悦　明　博　周　萌

技术支持组

刘满军　赵　丹　袁　英　欧阳修天　王英杰　赵超楠　于　曦　刘春媛

审核组

许梦醒　蒋佩轩　赵晨羽　戚鑫怡　张军荣　罗荣波　左　鹏
张姗姗　王晨轩　北　原　李滢洁　任碧雪　王　怡　刘霭文
马梦婕　李双星　史卓远　张　翔　付　朝　韦　博　李浩楠
周可心　戴墨涵

宣传组

王　爽　姜毓恺　杨　帆　赵楠楠　李美奂

外联组

高学武　王　东　方　旭　孙　静　刘志永
王志远　周雪峰　张佳佳　丁晓舟　齐　茹

制片组

于少文　黄永义　马月文　谷晓晶　施志灵　王原鹏　白　星